Bibliografische Information der Deutschen Nationalbibliothek:

Die Deutsche Bibliothek verzeichnet diese Publikation in der Deutschen Nationalbibliografie; detaillierte bibliografische Daten sind im Internet über http://dnb.d-nb.de/ abrufbar.

Impressum:

Druck und Bindung: Books on Demand GmbH, Norderstedt Germany
ISBN: 9783668390751

Dieses Buch bei GRIN:

http://www.grin.com/de/e-book/353376/reihenuntersuchung-zu-elliptischen-profilkonturen-fuer-leit-und-steuertragflaechen

Michael Dienst

Reihenuntersuchung zu elliptischen Profilkonturen für Leit- und Steuertragflächen

Analyse der Strömungswirklichkeit von Surfboard-Finnen

GRIN Verlag

Reihenuntersuchung zu elliptischen Profilkonturen für Leit- und Steuertragflächen

Analyse der Strömungswirklichkeit von Surfboard-Finnen

Mi. Dienst, Berlin Februar 2017

INTRO

Bauteile für den Unterwasserbereich von Seefahrzeugen sollen hochfunktional und leistungsfähig sein. Leit- und Steuertragflächen nehmen hierbei eine Sonderstellung als symmetrische Bauteilkonstruktionen ein. Eine Rudertragfläche beispielsweise muss in beiden Beaufschlagungsrichtungen gleichermaßen fluiddynamisch funktionieren, was hinsichtlich der Profilauswahl auf symmetrische Konturen führt. Das gilt für die bei Seefahrzeugen üblichen, im Wasser arbeitenden, rigiden Flügel, als auch für elastische Tragflächen, die erst unter Belastung ihre fluidmechanisch wirksame Gestalt annehmen.
Stand der Technik sind Einzelfinnen, paarige Ausführungen bis hin zu Finnen-Batterien, die als Leit- und Steuertragflächen im Bereich des Hecks von Surfboards wirksam sind. Das Manövrieren erfolgt mit körperkontrollierten, dem Board aufgeprägten Bewegungen und diese wiederum durch Gewichtsverlagerung des Surfers, der Surferin. Surfboardfinnen sind die wahrscheinlich elementarsten Leit- und Steuertragflächen für Seefahrzeuge überhaupt. Hierin liegt der besondere Reiz dieser Forschung, denn die im Vorhaben betrachteten Modelle sind zugleich Funktionsprototypen im Maßstab 1:1. Für die Montage von unterschiedlichen Finnen an Surfboards sehen die marktführenden Hersteller verschieden standardisierte Einbauflansche vor. Die Konstruktion besteht aus wenigen Einzelteilen. In der Regel finden wir bei einem Surfboard eine Box vor, in die der fluidmechanisch wirksame Tragflügel der Finne formschlüssig eingesteckt wird (PLUG). Die meisten Hersteller bevorzugen Flansche, die primär kraftschlüssig verbinden.
Für Surfboards in Fahrt und beim Manövrieren ist neben der hohen mechanischen Belastung der strömungsmechanisch wirksamen Bauteile die optimale und an Strömungswiderständen arme Funktionsweise entscheidend für die Fahrleistung. Grundsätzlich sind bei leistungsoptimierten Seefahrzeugen vom Stand der Technik und all ihren Bauteilen Robustheit und Anpassungsfähigkeit (Resilienz), perfekte Funktion und lange Lebensdauer bei geringem Gewicht von Bedeutung. Der Finnentragflügel wird am Finnenwurzelbereich (Plug, Base, Finnen-Sockel) form- bzw. kraftschlüssig mit einem in das Surfbrett eingelassenen Finnen-Aufnehmer (Box, Finnen-Terminal) gefügt. Unabhängig von Geometrien und Bauweisen für den Finnentragflügel, ist der Finnensockel ein

standardisierter Rechteckprisma im Finnenwurzelbereich: Länge LS=114,5 [mm], Sockel-Tiefe TS=15[mm], Dicke DS=7[mm].

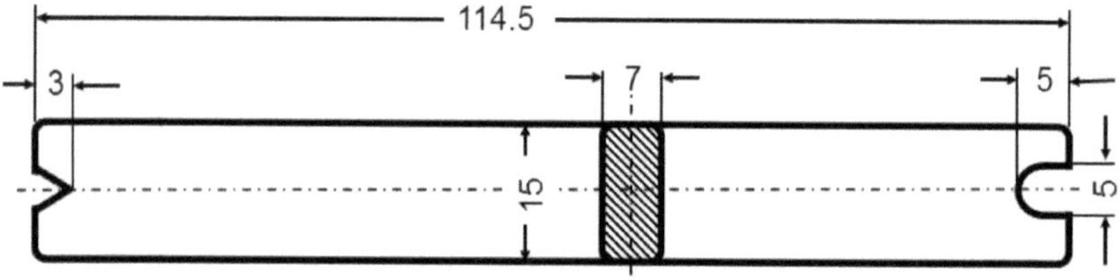

Abb. 1: Schematische Darstellung des Finnensockels in den Abmessungen des Systems *futures*[1].

Ist der Sockel nicht schmaler als der Tragflügel selbst, ergibt sich zwangsläufig eine sehr schlanke Basis für ein Profil mit einer auf die Tragflügeltiefe t bezogenen Dicke d von d/t =7%. Die zentralen Tragflächen der Surfbrettfinnen besitzen in der Regel symmetrische Profile. In Fahrt bilden symmetrisch profilierte Tragflächen dann ein Querkraft generierendes System, wenn die Anströmung nichtaxial erfolgt. Dabei ist die Variation des Lifts eines symmetrischen Profils über den Anstellwinkel selbst symmetrisch.
Die aus dem hydrodynamischen Auftriebsgebaren der Tragfläche resultierende Querkraft wird beim Manövrieren genutzt. Die Finne funktioniert nun als Kraft- und als Arbeitstragfläche gleichermaßen und es kommt zu einem Wechselwirkungsgeschehen, das durch Energieaustausch gekennzeichnet ist. Wie wird nun die zum Manövrieren erforderliche Energie übertragen? Krafttragflächen sind fluidmechanisch wirksame Tragflügel die dem bewegten umgebendem Fluid vornehmlich Energie entziehen; Arbeitstragflächen hingegen sind fluidmechanisch wirksame Tragflügel die vornehmlich Energie in ein umgebendes Fluid einkoppeln. Und eine Finne ist beides, kann beides tun. Das zum Lenken und Manövrieren erforderliche „Anfangsmoment“ stammt aus den Körperbewegungen des Surfers, der Surferin. Sobald die Strömung an einer symmetrischen Finne einen gewissen Geschwindigkeitsanteil in Querrichtung enthält, arbeitet diese profilierte (Kraft-) Tragfläche sich in ihrer physikalischen Wirkung selbst verstärkend, also „auto-reaktiv“. Diese wunderbare Eigenschaft kennzeichnet das „Wesen eines Tragflügels“ und ist systeminhärent. Von der Güte einer Leit- und Steuertragfläche hängt auch die Intensität und Bandbreite dieser „wesentlichen“ Eigenschaft ab. Nicht ausschließlich, aber in der

[1] **futures**. 5452 mcfadden ave, huntington beach, ca 92649
Support: 714-891-1695

überwiegenden Anzahl aller Produktentwicklungen ist eine möglichst große Intensität tragender Anteil der Entwicklungs- und Gestaltungsabsicht, des Design Intends.
Die Querkraftleistung einer Kraft- und Arbeitstragfläche kennzeichnende Auftriebsgebaren einer Profilkontur wird von einer Vielzahl von Konstruktions- und Betriebsparametern bestimmt. Neben der Querkraftleistung einer Kraft- und Arbeitstragfläche interessieren die Verluste im Betrieb. Im Allgemeinen setzt sich der strömungsmechanische Widerstand einer voll getauchten Leit- und Steuerflächen aus Partialwiderständen, den Reibungs- und Formwiderstandsanteilen zusammen. Surfboardfinnen gehören zum Lateralplan und bilden mit symmetrischem Profil genau dann einen fluiddynamisch wirksamen Tragflügel aus, wenn eine nichtaxiale Anströmung gegeben ist, wie oben beschrieben. Für das Flügelende der Finnen, insbesondere den Randbogen (die Kontur des vom Surfbrettkörper abweisenden, freien Surfbrettfinnen-Flächenendes), sind unterschiedliche Formen bekannt. Liegt nun der Schwerpunkt der Entwicklungsarbeit in die Erhöhung der Querkraftleistung der Tragflügelfläche, liefert eine (größer) skalierte Tragfläche bei gleichem Strömungsprofil mehr Querkraft.
Ist die Skalierung nichtisotrop, wird etwa die Umrissgestalt und/oder der Schlankheitsgrad der Tragfläche variiert, ändert sich das Bild. Bei konstanter, gleichbleibender Tragflügelgestalt, kann der Konstrukteur Einfluss nehmen auf die Oberflächenbeschaffenheit. Für schlanke Körper wie Tragflügel, ist der Anteil der Reibung erheblich. Reibung wird in erster Linie durch den Charakter der wandnahen Strömung bestimmt; diese kann laminar oder turbulent sein.
In Fahrt und beim Manövrieren ist die Fähigkeit einer Tragfläche entscheidend, eine nicht axiale Anströmung in Querkrafterhöhung umzusetzen. Einer symmetrischen Surfboardfinne vom Stand der Technik gelingt das gut, einer Finne mit nichtsymmetrischem Tragflügelprofil gelingt das besser (immer dann, wenn sie von der „richtigen“ Seite angeströmt wird). Es ist sinnfällig, dass eine symmetrische Leit- und Steuertragfläche bestens geeignet ist, eine beidseitig Beaufschlagung auch in beide Richtungen gleicherweise zu beantworten; nennen wir es „querkraftfreien Betrieb“ einer Finne beim Geradeausfahren: die neutrale Phase.
Die wenigen uns physisch vorliegenden Finnen tragen Profile, die wir nicht kennen. Für die Profile rezenter Surfboardfinnen wird in der Literatur und insbesondere bei den Praktikern auf NACA-Profilreihen verwiesen[2]; und tatsächlich weist das von einer Finne der Firma FUTURES abgeformte Profil eine hinreichende Übereinstimmung mit einem Profil aus der vierstelligen NACA-

[2] http://users.tpg.com.au/users/mpaine/thesis.html#nacadata

Reihe auf. Für ein Finnenprofil mit einer auf die Tragflügeltiefe t bezogenen Dicke d von d/t =6% finde ich gesicherte Leistungsdaten für das Profil NACA 0006 in der einschlägigen Literatur (vergleiche: Ira H. Abbott, Albert E. von Doenhoff: Theory of Wing Sections [Abbo-59]) und erkläre dieses Profil zum Stand der Technik von Surfboardfinnen.
Die derzeit anlaufende Forschung an nichtrigiden, elastisch-strömungsadaptiven Finnentragflügeln erfolgt aber nicht mit dem etablierten Profil NACA0006, sondern mit einem Ersatzsystem, einer zentral- und lateralsymmetrischen Profilkontur. Das elliptische Profil ELL0750 fungiert als Referenzsystem in der nachfolgenden Untersuchung. Für die Berechnungen steht ein leistungsfähiges, auf der Potentialtheorie basieren-des und mit einem Reibungsansatz erweitertes CFD-Programmsystem der Firma MH Aerotools[3] zur Verfügung, das auch graphische Darstellungen der Umströmung der untersuchten Tragflächenprofile generiert. [W-4][W-5].

ELL KONTUR
Die Profilkontur ELL ist ein fluidmechanisch wirksames, lateralsymmetrisches Strömungsprofil, dessen Kontur mit geringen deklaratorischen Mitteln beschreiben werden kann. Der Profilkontur ELL liegt die Idee eines Strömungsprofils zu Grunde, das durch das geometrische Element Ellipse beschrieben und durch lediglich zwei Parameter eindeutig definiert ist. Das Strömungsprofil ist für Kraft- und Arbeitstragflächen geeignet. Ausprägungen und Varianten des fluidmechanisch wirksamen Strömungsprofils sind in Serien systematisiert und geordnet. Das Strömungsprofil kann skaliert und parametrisiert werden derart, dass es für Anströmbedingungen fluidmechanisch wirksam und geeignet ist, die durch kleine Anströmgeschwindigkeiten und kleine geometrische Bauteilabmessungen gekennzeichnet sind.
Das Strömungsprofil, besitzt eine Kontur die durch das geometrische Element Ellipse beschrieben und durch zwei Parameter [p1][p2] vollständig und eindeutig definiert ist, wie folgt: "**ELL [p1][p2]**". Mit den Parametern: p1 sei die spezifische Profildicke d/t [%] und p2 sei spezifische Dickenrücklage xd/t [%] des symmetrischen Profils. Die Kontur des symmetrischen Profils entsteht, indem eine bugseitige (Halb-) Ellipse und eine heckseitige (Halb-) Ellipse, ausgerichtet an deren jeweiligen kongruenten Konstruktionskreis angeordnet

[3] MH Aerotools: Dr. Martin Hepperle, Braunschweig, Germany was Assistant at Prof. Dr. R. Eppler's Institute A of Mechanics at the University of Stuttgart, later Scientific staff member at the Institute of Aerodynamics and Fluid Technology at the DLR in Braunschweig. *JavaFoil* is a new implementation of the previous *CalcFoil* program, written for web pages using the "C" language.

und gefügt, eine gemeinsame Symmetrieachse besitzen. Für alle Punkte P(x,y) die Element einer Ellipse sind, gilt die Ellipsengleichung $(x^2/a^2)+(y^2/d^2)=1$. Für die bugwärtige Ellipse ist das a gegeben mit $a = xd/2$. Für die heckwärtige Ellipse ist a gegeben mit $a = (t-xd)/2$. Mit den Parametern p1, die spezifische Profildicke d/t [%] und p2, die spezifische (auf die Profiltiefe t bezogene) Dickenrücklage xd/t [%] des symmetrischen Profils ist "ELL [p1][p2]" definiert.

Profilkontur ELL [07][50] für eine Laborfinne.

STANDARD **LABFin**

Die Standardisierung betrifft eine vollparametrisierte Laborfinne **„LAB-Fin“**, deren Gestalt mit geringen deklaratorischen Mitteln beschreiben werden kann. Die Laborfinne dient in der laufenden Forschungskampagne als Technik- und Technologiedemonstrator. Der Standardisierung liegt die Idee einer fluid-mechanisch wirksamen Leit- und Steuertragfläche für kleine Seefahrzeuge zu Grunde, die durch einfache geometrische Elemente beschrieben und durch lediglich vier Parameter eindeutig definiert ist. Die Surfboardfinne LABFin kann skaliert und mit unterschiedlichen Profilkonturen ausgestattet werden. Für die Beschreibung von Konturen nach dem Stand der Technik wird auf Datenbanken oder Profiltabellen zurückgegriffen (siehe hierzu auch: Abbot und Doenhoff[4], Eppler[5] und Gorrell[6]). Die Laborfinne LAB-Fin ist ein standardisierter Messkörper, der durch lediglich vier Parameter [P0] [P1] [P2] [P3] eindeutig definiert wird. Der Parameter P0 ist die Profiltiefe an der Flügelwurzel t [mm], der Parameter P1 ist die spezifische Profildicke d/t [%]. Der Parameter P2 ist die spezifische Profiltiefe am Tragflügelende (Flügel-Tip) b/t [%], der Parameter P3 ist

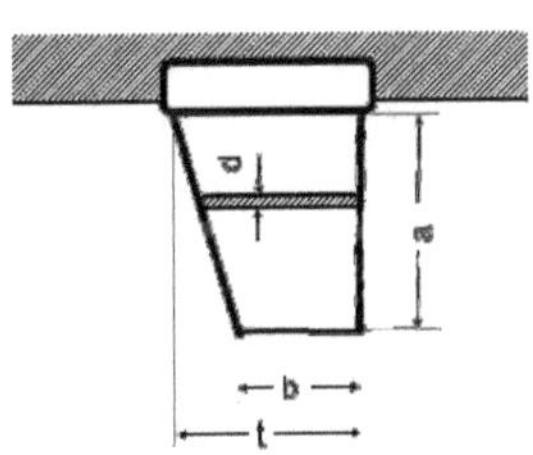

FIGUR 2

[4] [Abbo-59] Ira H. Abbott, Albert E. von Doenhoff: Theory of Wing Sections: Including a Summary of Airfoil Data. Dover Publications, New York 1959

[5] [Eppl-90] Richard Eppler: Airfoil Design and Data. Springer, Berlin, New York 1990

[6] [Gorr-17] Edgar Gorrell, S. Martin: Aerofoils and Aerofoil Structural Combinations. In: NACA Technical Report. Nr. 18, 1917.

die spezifische Tragflügellänge a/t [%] der Finne. Die Profilkontur und weitere Features der Finne, die das Strömungs-teil spezifizieren können der Spezifikation nachgestellt werden, wie folgt:

LABFin[t,mm],[d/t,%],[a/t,%],[b/t,%],[Profil],[Feature **1**],..,[Feature **n**]

Die Glattheit der Tragflügeloberfläche und die Tragflügelprofilkontur sollen in einer Grundkonfiguration als gegeben und gesetzt gelten, so dass sich die Spezifikation vereinfacht zu: **LABFin [P0] [P1] [P2] [P3].** LABFin ist einer systematischen messtechnischen und/oder simulations-technischen Analyse und Vergleichbarkeit zugänglich. Die Analyse der mechanische Beanspruchung von Bauteilen und Baugruppen erfolgt mit klassischen Methoden der technischen Mechanik, wie etwa der Elastischen Theorie oder mit zeitgemäßen finiten Verfahren (Finite Element Methode, FEM). Die Strömungswirklichkeit wird nach der Potentialtheorie grob ermittelt, oder mit Finite Volumen Verfahren realitätsnah analysiert (Computational Fluid Dynamics, CFD). Die standardisierte Finne ist außerdem einer Analyse der Fluid- Struktur-Wechselwirkung (Fluid Structure Interaction, FSI) zugänglich.

Eingabeparameter	absolute	Abmessung	Parameter
Profiltiefe an der Flügelwurzel	t	[m]	P0
Profildicke	d	[m]	
Profiltiefe am Tragflügel-Tip	b	[m]	
Tragflügellänge	a	[m]	

Geometriebeschreibung (relativ)	spezifische	Abmessung	Parameter
Spezifische Profildicke	d/t	[%]	P1
Spezifische Profiltiefe (Flügel-Tip)	b/t	[%]	P2
Spezifische Tragflügellänge	a/t	[%]	P3

Aus der Definition der Laborfinnengeometrie ergibt sich ein Schlankheitsgrad λ (Aspect Ratio) des Tragflügels und den bugwärtigen Pfeilungswinkel β

$$\lambda = 2 \cdot a / (t+b) \quad [-]$$

$$\beta = \arctan((t-b)/a) \quad [°]$$

Der Formwiderstand indizierter Widerstand und der Lift einer Tragfläche sind über die Lateralfläche des Tragflügels determiniert, der Reibungswiderstand mit der benetzten Tragflügelfläche und der Druckwiderstand über die (in Fahrtrichtung) projezierte Tragflügelfläche:

laterale Tragflügelfläche	A	=	(a · t) – (a2 tan β)/2	$[m^2]$
benetzte Tragflügelfläche	A_b	=	(2 · a· t) – (a2 tan β)	$[m^2]$
projezierte Anströmfläche	AS	=	d · a	$[m^2]$

Für das Mittelschnittverfahren ist der Druckmittelpunkt $PS(x_S,y_S)$, aller angreifenden Kräfte von Bedeutung. Der Lagrange Koordinatenursprung mit (KoordinatenNull: x0=t0 , y0=a0) soll am bugwärtigen Fuß (Flügelwurzel) der Surfboardtragfläche gedacht, liegen.

Druckmittelpunkt $PS(x_S,y_S)$:	x_S	= (2t2 – 2bt –b2)/3(t+b)	[m]
	y_S	= a(t + 2b)/ 3(t+b)	[m]
Profilkontur (exemplarisch)		ELL 0750	Standardprofil
alsoFeature (exemplarisch)		glatt	Oberfläche
alsoFeature (exemplarisch)		*FUTURES*	Hersteller- PLUG

<u>Finnenterminal (exemplarisch, Hersteller: *FUTURES*)</u>

PLUG- Länge	L= 115	[mm]
PLUG-Tiefe	T=18	[mm]
PLUG-Dicke	D = 7	[mm]

Die referentielle NULL-Finne ist ein Container, der mit unterschiedlichen Profilkonturen beladen werden kann. Das originäre System besitzt die Profilkontur ELL 0750 mit d/t=7[%] Durchmesser so dass bei einer Profiltiefe von t=100 [mm] die Materialstärke am Terminal (b=7 [mm]) erreicht wird. Die Dickenrücklage der Kontur ELL0750 xf=0.5·t determiniert. Die Konturkoordinaten entnehmen Sie bitte den Tabellen im Anhang.

Profile der Surfboardfinnen.

Grundsätzlich ist eine Strömung über festen Wänden zunächst laminar, wird dann mehr oder weniger rasch instabil und schlägt in turbulente Strömung um: Transition. Mit dem Übergang von laminarer zu turbulenter Strömung nimmt die Wandreibung erheblich zu. Es sind aber nicht alleine existierende Oberflächenstrukturen oder die Rauheit der Tragfläche, die das Umschlagsverhalten der wandnahen Strömung beeinflussen. Auch die Kontur des Tragflächenprofils, insbesondere seine Krümmung und die Änderung der Krümmung über den Strömungspfad haben Einfluss auf den Transitionsort. Die „festen Wände" der Kraft- und Arbeitstragflächen stehen in der Regel für eine mechanisch starre Form, ein deklaratorisch definiertes Profil und eine nichtflexible Kontur. Die Profile von Kraft- und Arbeitstragflächen sind in der Regel entweder definiert symmetrisch oder definiert asymmetrisch.

<u>Symbolik, abgeleitete Größen und Kennwerte in der Profilanalyse</u>

Tragflügellänge	b	[m]	
Profiltiefe (chord length, c)	t	[m]	
generalisierte x-Koordinate	x/l	[%]	
generalisierte y-Koordinate	y/l	[%]	
generalisierte (Kontur-) Geschwindigkeit	v/V	[%]	
Profildicke	d/t	[%]	
Profilwölbung	f/t	[%]	
Wölbungsrücklage	xf/t	[%]	
Nasenradius	r/t	[%]	
Hinterkantenwinkel	τ	[°]	
überströmte Fläche des Flügels	A	[m²]	$A = b \cdot t$
Seitenverhältnis (Flügel)	λ	[-]	$\lambda = A/b^2$
Auftriebsbeiwert (LIFT-Koeffizient)	C_L	[-]	
Widerstandsbeiwert (DRAG-Koeffizient)	C_d	[-]	
Momentenbeiwert MOMENT-Koeffizient)	C_m	[-]	
Druckbeiwert (pressure coefficient)	C_p	[-]	
kritischer Druckbeiwert [7]	C_p^*	[-]	
Reibungsbeiwert (local friction coefficient)	C_f	[-]	
Geschwindigkeit in [m/s],	v, w	[ms⁻¹]	
Schallgeschwindigkeit (speed of sound)	a	[ms⁻¹]	
Auftrieb, Querkraft, Lift	L	[N]	$L = c_a \cdot A \cdot v^2 \cdot \rho/2$
Formwiderstand	W_F	[N]	$W_F = c_w \cdot A \cdot v^2 \cdot \rho/2$
Reibungswiderstand	W_R	[N]	$W_R = c_r \cdot A \cdot v^2 \cdot \rho/2$
induzierter Widerstand	W_I	[N]	$W_I = c_I \cdot A \cdot v^2 \cdot \rho/2$
Beiwert glatte Oberfläche, laminar	c_r	[-]	$c_r = 1{,}327 \cdot (Re)^{-1/2}$
Beiwert glatte Oberfläche, turbulent	c_r	[-]	$c_r = 0{,}074 \cdot (Re)^{-1/5}$
Beiwert rauhe Oberfläche, turbulent[8]	c_r	[-]	$c_r = 0{,}418 \cdot (2+\lg(t/k))^{-2,53}$
Beiwert des induzierten Widerstands[9]	c_I	[-]	$c_I = \lambda\, c_a^2 / P$
Liftleistung	P_L	[W]	$P_L = L \cdot v$
Widerstandsleistung	P_{WI}	[W]	$P_{WI} = (W_F + W_R + W_I) \cdot v$
Konturposition	x	[m]	
Lokale Reynolds-Zahl Re_X	[-]	$Re_X = Re\delta\_2$	$= v_\infty \cdot x / \mathbf{n}$
Verdrängungsdicke, Grenzschichtdicke[10]	δ_1	[m]	
Grenzschichtdicke (laminar)[11] $\delta_2 =$	δ_{LAM}	[m]	$\delta_{LAM} = 5{,}0 \cdot (Re_X)^{-1/2} \sim x^{1/2}$
Grenzschichtdicke (turbulent)[12]e $\delta_3 =$	$\delta_{TURB.}$	[m]	$\delta_{TURB} = k(x) \cdot (Re_X)^{-1/2} \sim x^{0.8}$
Konturbeiwert (shape factor12)	H_{12}	[-]	$H_{12} = \delta_1/\delta_2$
Konturbeiwert (shape factor32)	H_{32}	[-]	$H_{32} = \delta_3/\delta_2$

---

[7] kritischer Druckbeiwert [7] (critical pressure coefficient ind. supersonic flow) C_p^*

[8] Angabe der Rauhigkeit k in [m]. z.B. gilt als glatt: k= 0,001[mm] = 10^{-3} [mm] = 10^{-6} [m].

[9] gemäß elliptischer Auftriebsverteilung nach Prandtl

[10] Grenzschichtdicke (displacement thickness) δ_1

[11] auch ImpulsverlustDicke (momentum loss thickness)

[12] Dicke der turbulenten Grenzschicht (ebene Platte) $\delta_{TURB.} = k(x)(Re_X)^{-1/2}$. Der empirische Faktor k entspricht der Ordinate k=y(x), im Falle der ebenen Platte. Auch EnergieDickenbeiwert (energy loss thickness)

Surfboard-finnen – im Sinn von „Leit- und Steuertragflächen kleiner Seefahrzeuge“ sind beidseitig wirksame Kraft- und Arbeitstragflächen und üblicherweise aus symmetrisch profiliertem Vollmaterial. Das Tragverhalten einer Surfboardfinne im Betrieb wird durch das Auftriebs- und Widerstandsgebaren charakterisieret in einem Zustandsbereich, der sich von der auftriebslosen zentrierten Anströ-mung bis hin zu einer degenerierten Umströmung der Finne erstreckt. Kommt es bei einer Tragflächenumströmung zu einem Ablösen der konturnahen Strömungsschicht, spricht man von Strömungsabriss (engl.: stall). Es kann sich um die Ablösung einer laminaren oder einer turbulenten Strömung handeln. Mit dem Strömungsabriss verändert sich auch (schlagartig) das Auftriebs-gebaren der Profilkontur. Den entscheidenden (nicht einzigen) Einfluss auf das Stallverhalten symmetrisch profilierter Kraft- und Arbeitstragflächen nimmt der Anstellwinkel des Profils in der Strömung. Bei den hier betrachteten Surfboardfinnen sind die Relativgeschwindigkeit klein gegenüber der Schallgeschwindigkeit und wir gehen davon aus, dass Surfboardfinnen Tragflügel sind, die im Medium Wasser arbeiten, so dass Inkompressibilität des Fluids angenommen wird. Es gilt für inkompressible, stationäre viskositätsfreie Strömung konstanter Dichte und Rotorfreiheit (in einem Gebiet das keine Wirbel enthält), dass die Summe aus dem Quadrat der Geschwindigkeit und dem Quotient aus Druck und Dichte konstant ist.

Das Erklärungsmodell Euler. Tatsächlich resultiert die Auftriebskraft einer Surfboardfinne aus der Superposition einer Translations- und einer Zirkulationsströmung. Betrachtet man einen Profilschnitt einer unter kleinem Anstellwinkel angeströmten ortsfesten Leitfläche (Eulerszenario), so erscheint die Zirkulation an der Leeseite in Anströmrichtung, auf der Luvseite entgegen der Anströmrichtung (Lee: der Strömung abgewandt; Luv: die der Strömung zugewandte Seite eines Strömungskörpers). Die Superposition führt zu einer verlangsamenden Strömung auf der Luvseite und zu einer Beschleunigung in Lee. Kontinuitätsbeziehung und bernoullische Argumentation wiederum führen zu einem relativen Überdruckgebiet an der Luv- und einem relativen Unterdruckgebiet an der Leeseite und zum erwarteten Auftriebsgebaren der Leitfläche. Die Entstehung der Zirkulationsströmung ihrerseits kann erklärt werden derart, dass die Viskosität des Fluids in der Grenzschicht zu einer vertikale Scherung der Horizontalströmung führt. Bei kleinen Krümmungen hat die Strömung die Tendenz, in Strömungsrichtung der Kontur eines Profils zu folgen. Direkt an der Konturlinie ist die Geschwindigkeit Null. Mit zunehmendem Abstand von der Profilkontur (in der Grenzschicht) wird die Geschwindigkeit größer, bis sie die Fluidgeschwindigkeit der Außenströmung erreicht. Durch diese Scherung hat das Fluid in der Grenzschicht eine Wirbelstärke. Die

Viskosität des Fluids bewirkt Kräfte, durch die die Geschwindigkeiten benachbarter Stromlinien angeglichen, sowie die Wirbelstärke homogenisiert werden. Verlässt nun ein Teilchen mit seiner Wirbelstärke wegen der gebogenen Kontur die Grenzschicht tangential, wird die Viskosität die Scherung des Geschwindigkeitsfeldes homogenisieren und die Wirbelstärke bleibt auf einem mittleren Wert. Mangels Scherung erzwingt sie eine gekrümmte Trajektorie in Richtung zurück zur Konturlinie. Als Gegenkraft hierzu verringert sich der Druck an der Kontur. Dieser niedrige Druck beschleunigt auch Fluid oberhalb der Grenzschicht nach unten. Der Druck ist niedriger als der Druck entlang der Profillinie stromaufwärts. Deshalb wird die Strömung auch tangential über die Profilkontur nach hinten beschleunigt. Betrachten wir hierzu einen gut untersuchten Anströmzustand unter einem mäßigen Anströmwinkel:
Anstellwinkel und Geometrie (Kontur) des fluidmechanisch wirksamen Finnenprofils erzwingen eine Richtungsänderung der Stromlinien des anströmenden Fluids. Bewegte sich nun das betrachtete Fluidvolumen infolge der Massenträgheit auf einer geraden Linie fort, würde sich die Entfernung zur (Stör-) Kontur des Finnenprofils sofort vergrößern und somit ein Gebiet niedriger Dichte entstehen, was wir in unseren Betrachtungen über ein inkompressibles Fluid aber gerade ausschließen möchten. Also erzwingt die Bedingung konstanter Fluiddichte einen Druckgradienten entlang der betrachteten Stromlinie um das Hindernis herum. Nahe der Profilkontur kommt es zur Ausbildung der Grenzschicht. Durch die Scherkräfte in der Grenzschicht folgt das Fluid der Kontur des Profils. Mit zunehmender Entfernung vom Profil nimmt die Ablenkung der (ferneren laminaren) Strömung ab. Generiert die Krümmung der Stromlinien einen Druckgradienten, so führt die Kontinuitätsbeziehung und bernoullische Argumentation wieder zu einem relativen Überdruckgebiet an der Luv- und einem relativen Unterdruckgebiet an der Leeseite und zum Auftriebsgebaren der Finnentragfläche.

Impulsänderung. Die Finne, der räumliche dreidimensionale Tragflügel, muss durch eine unsymmetrische Umströmung die zur Entstehung der Querkraft notwendige Zirkulation selbst erzeugen. Analog zur Kreisumströmung entsteht bei Tragflügelprofilen die dynamische Querkraft (Auftrieb, Lift) nur dann, wenn eine gleich große vertikale Impulsänderung erfolgt. Diese Impulsänderung wird erreicht, indem die Finnentragfläche, bzw. ihr Tragflächenprofil das Fluid (radial) ablenkt. Das Tragflügelprofil muss also so gestaltet und im Betrieb entsprechend "angestellt" sein, dass es aus der Anströmsituation eine für die Querkrafterzeugung notwendige Zirkulation erzeugen kann. In einer potentialtheoretischen Analyse (siehe unten) werden zunächst zwei "Staupunkte“ identifiziert: einen bugwärtigen und hechwärtigen Staupunkt.

Eine scharfe Profilhinterkante bewirkt, dass das Tragflügelprofil von unten herkommend nach oben bis zum hinteren, auf der Profiloberseite liegenden Staupunkt umströmt werden muss. Diese Umströmung einer scharfen Hinterkante führt (theoretisch) zu einer plötzlichen Änderung der Geschwindigkeitsrichtung; eine sehr große Beschleunigung der Strömung. Die anfängliche hintere Umströmung ist nicht stabil und kann daher nicht lange bestehen. Dies hat zur Folge, dass die Strömung an der Hinterkante sehr rasch ablöst. Gleichzeitig bildet sich ein Wirbel durch das Aufrollen einer sich ablösenden Grenzschicht. Dieser sogenannte „Anfahrwirbel" schwimmt mit der Strömung nach hinten ab. Theoretisch ist die Gesamtzirkulation (jetzt) im Gleichgewicht (Satz von Thompson), die Summe aller Zirkulationen ist Null. Dies hat zur Folge, dass sich um das Tragflügelprofil herum ein zweiter, entgegengesetzt drehender Wirbel bildet. Dieser nunmehr gebundene Wirbel stellt die notwendige Zirkulation um den Tragflügel her: Er entsteht somit aus der vom Profil der Finne verursachten unsymmetrischen Umströmung, bei der das Fluid auf der Unterseite verzögert und auf der Oberseite des Profils beschleunigt wird. Dieses plakative Bild, bei dem die Strömung auf der Unterseite verzögert und auf der Oberseite des Profils beschleunigt wird, ist das mühsam errungene Arbeitsergebnis eines langen Argumentationspfades und wird in seiner Kurzform gerne in der Lehre eingesetzt. Nur falls mal jemand danach fragt.

Druckverteilung. Das gegenüber dem herrschenden Normaldruck relative Unterdruckgebiet auf der Profilkonturoberseite und das gegenüber dem herrschenden Normaldruck relative Überdruckgebiet auf der Profilkonturunterseite repräsentieren das Auftriebs- bzw. Querkraftgebaren (Lift) des Tragflügelprofils der Surfboardfinne. Dabei trägt relative Unterdruckgebiet auf der Profilkonturoberseite wesentlich zur Gesamtquerkraft bei. Der Druckgradient korreliert nach der Energiegleichung (Bernoulli) mit der Geschwindigkeit und deren Änderung an der Profilkontur. Die Strömung hat grundsätzlich die Tendenz, der Profilkontur zu folgen. Den größten Einfluss auf die Eigenschaften des Profils einer Leit- und Steuertragfläche respektive Surfboardfinne haben die Profilwölbung und die Wölbungsrücklage der Kontur, die maximale Profildicke und ihr Gradient, die Änderung der Profildicke entlang der Profilsehne, desweiteren der Nasenradius und die Gestalt der Profilhinterkante, das Lead-Out. Der maximale Auftrieb wird also von der Wölbung, dem Nasenradius und der Dicke der Kontur bestimmt. Weshalb dies so ist, kann man an der Kurve des Geschwindigkeitsgradienten über die Profilkontur aufgetragen, ablesen. Die Berechnung wurde für das Profil ELL0750 durchgeführt. Das Diagramm zeigt die Geschwindigkeitsverteilung an der Profiloberseite. Bei einem symmetrischen Profil und einem Anströmwinkel von a=0° ist natürlich der Gradient symmetrisch. Wir sehen in dieser Graphik einen plötzlichen Anstieg der konturnahen Geschwindigkeit an der Profilspitze und einen gleichmäßigen Zuwachs der (auf die Umgebungsgeschwindigkeit $V=\mathbf{v}_\infty$ bezogenen) Geschwindigkeit v/V; zum Profilende hin verschwindet der Gradient. Das Profil ELL 0750 besitzt seine maximale Dickenrücklage bei 50% der Profiltiefe. Etwa an diesem Ort ist die konturnahe Geschwindigkeit v = v(x) gleich der Geschwindigkeit v_∞. Dieser Punkt ist markant. Wir erinnern uns, dass für inkompressible Strömungen ($\rho=\rho_\infty$) zwischen der konturnahen Geschwindigkeit v(x) und dem (über x variablen) Druckkoeffizienten $c_p=c_p(x)=p(x)/p_0$ eine Beziehung (Bernoulli) zur Systemgeschwindigkeit $V=v_\infty$ herrscht:

$$\text{Druckgradient } c_p(x) = p(x)/p_0 = c_p(x) = 1-(v(x)/v_\infty)^2$$

An dem Ort, an dem $v(x) = \mathbf{v}_\infty$ herrscht, besitzt auch der Druckgradient $c_p(x)$ einen Nulldurchgang. Dies wird bei der Betrachtung der (konturnahen) Grenzschicht eine Rolle spielen. Verlauf und Intensität der Druckverteilung sind maßgeblich für die Leistungsfähigkeit der Profilkontur. Bei der Profil-analyse führt also der erste Weg zum Geschwin-digkeitsgradienten.

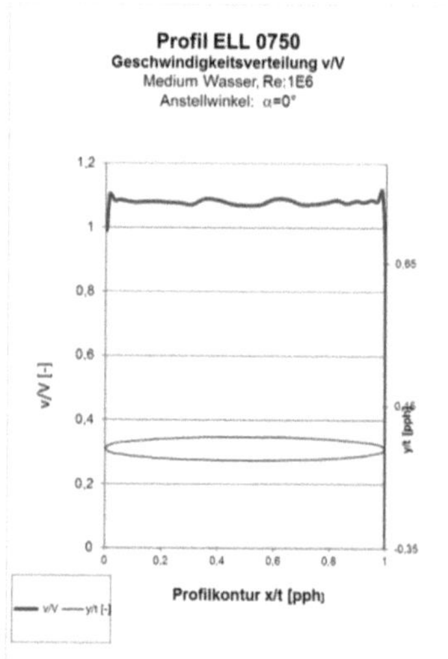

Druck- und Geschwindigkeitsgradient funktionieren wie eine sehr feine „Linse" mit der die Krümmung der Kontur, also die Profilwölbung an jeder Stelle, die Wölbungsrücklage, der Ort der maximalen Profildicke und (natürlich) die Änderung der Profildicke entlang der Profilsehne ultragenau untersucht werden kann.

Der mit diesem Instrument untersuchte Verlauf der Kurve und die Glattheit[13] höherer Ordnung der Kurve $(v(x)/v_\infty)^2$ kann Gegenstand einer klassischen „Kurvendiskussion" werden immer dann, wenn sich der Konstrukteur für den rekursiven Weg entscheidet und die Formfindung über die höheren Ableitungen (die Krümmung der Krümmung) der Gradientenkurve (v/v_∞) triggert. Eingebettet in eine Optimierungsumgebung spricht man derzeit viel von Konstruktionsautomatismen auf der Basis physikalischer Modelle. In der Gestaltungspraxis - und hier in besonderer Weise bei der Optimierung von

[13] Die Kurve $(v(x)/V)^2$ (quadratische Form) wird im Diagramm nicht dargestellt.

Seefahrzeugen - hat sich für diese Herangehensweise[14] der Begriff des „parametrischen Designs“ etabliert; eine Methode, die den tradierten Konstruktionsprozess quasi auf den Kopf stellt und der die Zukunft gehört, wenn es um „resiliente“ Gestaltung gehen wird (... Create Robust Variable Geometry, RVG). Dazu später mehr, wenn von „Reverse Design“ als eine Methode des Downsizing die Rede sein wird.

Das Profil ELL0750 scheint nach einem ersten Blick auf die Liftbeiwerte der Kontur nicht besonders leistungsfähig zu sein. Aber dennoch: Der Formwiderstand besitzt im Bereich kleiner Anströmwinkel $\{-5<\alpha<5\}$ eine deutlich ausgeprägte Delle, die bei Geradeausfahrt des Boards einen geringen Widetrstand verspricht. Dies können wir auf der positiven Seite verbuchen. Negativ ist der geringe Auftriebskoeffizient, dessen Maximum unterhalb der α=10° Marke aufzufinden ist. Weshalb man sich überhaupt für ein derartiges Profil entscheidet, ist in den Standardisierungs- und Fertigungsbelangen der Hersteller zu suchen. Bei einer Profiltiefe von maximal 115 [mm] der Standardfinne (Hersteller *FUTURES*) liefert ein NACA-Profil mit d/t=6% Konturdicke an der Flügelwurzel eine Bauteildicke von 6.9 [mm]. Das Terminal der zentralen, symmetrischen *FUTURES*-Finne bietet Raum für Plugs von maximal 7[mm] Dicke. So einfach ist das (wahrscheinlich). Sobald dieses Profil aber eine - auch nur geringe - Konturwölbung annimmt, werden durchaus beachtliche Liftbeiwerte von c_L > 1.5 [-] erreicht. Würde sich durch irgendeinen – nennen wir ihn mal „bionischen Adaptions-Trick“ – bei Leistungsähnlichkeit die Finne geometrisch herabskalieren lassen, wären vielleicht auch spezifische Konturdicken von d/t > 6 % realisierbar.

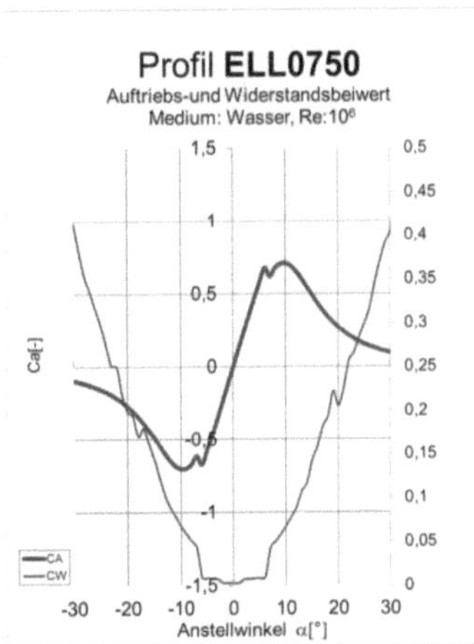

[14] https://www.caeses.com/ CAESES® (formerly known as FRIENDSHIP-Framework) could be the perfect solution for Ship Design. CAESES® stands for “CAE system empowering simulation” and enables engineers to design optimal products.

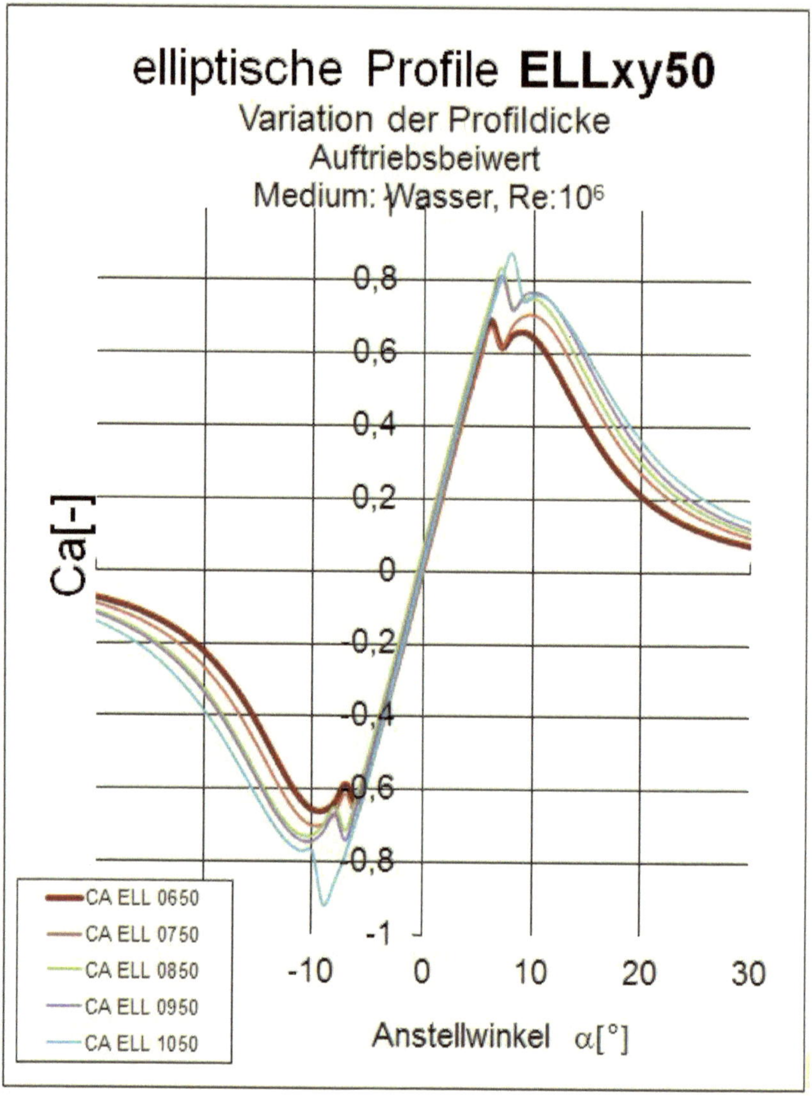
elliptische Profile ELLxy50
Variation der Profildicke
Auftriebsbeiwert
Medium: Wasser, Re:10⁶
Ca[-]
0,8
0,6
0,4
0,2
0
-0,2
-0,4
-0,6
-0,8
-1
-10
0
10
20
30
Anstellwinkel α[°]
CA ELL 0650
CA ELL 0750
CA ELL 0850
CA ELL 0950
CA ELL 1050

Bibliographie und weiterführende Literatur

[Abbo-59] Ira H. Abbott, Albert E. von Doenhoff: Theory of Wing Sections: Including a Summary of Airfoil Data. Dover Publications, New York 1959.

[BaNe-98] Barthlott, W.; Neinhuis, C.: Lotusblumen und Autolacke – Ultrastruktur pflanzlicher Grenzflächen und biomimetische unverschmutzbare Werkstoffe. Biona Report 12, Schriftenreihe der Wissenschaften und der Literatur, Mainz. Gustav Fischer-Verlag, Stuttgart 1998.

[Bann-02] Bannasch, Rudolph. Vorbild Natur. In: design report 9/02, S.20ff. Blue. C Verlag Stuttgart: 2002.

[Bapp-99] Bappert, R. Bionik, Zukunftstechnik lernt von der Natur. SiemensForum München/Berlin und Landesmuseum für Technik und Arbeit in Mannheim (Herausgeber): 1999

[Bech-93] Bechert, D.W.: Verminderung des Strömungswiderstandes durch bionische Oberflächen. In: VDI-Technologieanalyse Bionik, S. 74 – 77. VDI-Technologiezentrum Düsseldorf 1993.

[Bech-97] Bechert, D.W., Biological Surfaces and their Technological Application. 28th AIAA Fluid Dynamics Conference: 1997

[Cal-84] Calder, W.A. (1984) Size, Function and Life History. Harvard University Press. Cambridge 431pp.

[Die13-3] Dienst, Mi.(2013) Reihenuntersuchung zu Profilkonturen für Leit- und Steuerflächen von Seefahrzeugen. Datenreihe ERpL2050. GRIN-Verlag GmbH München, ISBN 978-3-656-47215-5

[Die11-4] Dienst, Mi.(2011) Methoden in der Bionik. Die Reynoldsbasierte Fluidische Fitness. GRIN-Verlag GmbH München.

[Die09-4] Dienst, Mi.(2009) Physical Modelling driven Bionics. GRIN-Verlag München.

[DUB-95] Dubbel, Handbuch des Maschinenbaus, Springer Verlag Berlin, 15.Auflage 1995.

[Eppl-90] Richard Eppler: Airfoil Design and Data. Springer, Berlin, New York 1990.

[Fli-02] Flindt, R. (2002) Biologie in Zahlen Berlin: Spektrum Akademischer Verl.

[Fren-94] French, M.: Invention and Evolution: design in nature and engineering. Cambridge University Press. Cambridge 1994.

[Fren-99] French, M.: Conceptual Design for Engineers. Berlin, Heidelberg, New York, London, Paris, Tokio: Springer: 1999

[Gel-10] Produktinformation, 05 2010, GELITA 69412 Eberbach. www.gelita.com

[Guen-98] Günther, B., Morgado, E. (1998) Dimensional analysis and allometric equations concerning Cope's rule. Revista Chilena de Historia Natural 71: 331-335, 1989

[Gör-75] Görtler, H. Diemensionsanalyse. Berlin Springer 1975

[Gorr-17] Edgar Gorrell, S. Martin: Aerofoils and Aerofoil Structural Combinations. In: NACA Technical Report. Nr. 18, 1917.

[Guen-66] Günther, B., Leon, B. (1966) Theorie of biological Similarities, nondimensional Parameters and invariant Numbers. Bulletin of Mathematical Biophysics Volume 28, 1966.

[Gutm-89] Gutmann, W.: Die Evolution hydraulischer Konstruktionen. Verlag W. Kramer: Frankfurt am Main, 1989.

[Hüt-07] Hütte, 2007, 33. Auflage, Springer Verlag. S.E147

[Hux-32] Huxley, J.S. (1932) Problems of relative Growth. London: Methuen.

[Katz-01] Joseph Katz, Allen Plotkin: Low-Speed Aerodynamics (Cambridge Aerospace Series) Cambridge University Press; 2 edition (2001)

[Liao-03] Liao, J.C.; Beal, D.; Lauder, G.; Triantayllou, M. Fish Exploting Vortices Decrease Muscle Activty. In: Science 2003, S. 1566-1569. AAAS. 2003.

[Matt-97] Mattheck, C.: Design in der Natur. Rombach Verlag. Freiburg 1997.

[Mial-05] B. Mialon, M. Hepperle: "Flying Wing Aerodynamics Studies at ONERA and DLR", CEAS/KATnet Conference on Key Aerodynamic Technologies, 20.-22. Juni 2005, Bremen.

[Nac-01] Nachtigall, W. (2001) Biomechanik. Braunschweig: Vieweg Verlag.

[Nach-98] Nachtigall, W. : Bionik – Grundlagen und Beispiele für Ingenieure und Naturwissenschaftler. Springer-Verlag, Berlin-Heidelberg-New York 1998.

[Nach-00] Nachtigall, Werner; Blüchel, Kurt. Das große Buch der Bionik. Stuttgart: Deutsche Verlags Anstalt: 2000.

[PaBe-93] Pahl. G.; Beitz, W.: Konstruktionslehre, 3.Auflage. Berlin-Heidelberg-New York-London-Paris-Tokio: Springer 1993

[Pflu-96] Pflumm, W. (1996) Biologie der Säugetiere. Berlin: Blackwell Wissenschaftsverlag.

[Rech-94] Rechenberg, Ingo. Evolutionsstrategie'94. Frommann-Holzoog Verlag. Stuttgart: 1994.

[Schü-02] Schütt, P., Schuck, H-J., Stimm, B. (2002) Lexikon der Baum- und Straucharten. Nikol, Hamburg, ISBN 3-933203-53-8

[Tho-59] Thompson, D'Arcy, W. (1959) On Growth and Form. London: Cambridge University Press. (Neuauflage der Originalschrift 1907)

[Tho-92] Thompson, D W., (1992). *On Growth and Form*. Dover reprint of 1942 2nd ed. (1st ed., 1917). ISBN 0-486-67135-6

[Tria-95] Triantafyllou, M.: Effizienter Flossenantrieb für Schwimmroboter. In: Spektrum der Wissenschaft 08-1995, S. 66–73. Spektrum der Wissenschaft- Verlagsgesellschaft mbH, Heidelberg 1995.

[Zie - 72] Zierep, J. (1972) Ähnlichkeitsgesetze und Modellregeln der Strömungslehre.

[W-1] http://de.wikipedia.org/wiki/Profil (abgerufen 04042016)

[W-2] The Airfoil Investigation Database, http://www.worldofkrauss.com/foils/578 (abgerufen 04042016)

[W-3] UIUC Airfoil Coordinates Database, (abgerufen 04042016) http://www.ae.illinois.edu/m-selig/ads/coord_database.html

Reihenuntersuchung

Elliptische Profile als Ersatz für für Surfboardfinnen

ELL1050 Wasser RE 10E6

1.0000	0.0000
0.9948	0.0097
0.9858	0.0131
0.9727	0.0188
0.9549	0.0238
0.9318	0.0281
0.9029	0.0324
0.8677	0.0365
0.8260	0.0405
0.7778	0.0440
0.7235	0.0471
0.6639	0.0496
0.5999	0.0516
0.5330	0.0519
0.4648	0.0526
0.3971	0.0512
0.3318	0.0495
0.2704	0.0469
0.2144	0.0435
0.1648	0.0399
0.1223	0.0355
0.0872	0.0311
0.0593	0.0267
0.0381	0.0222
0.0227	0.0177
0.0123	0.0134
0.0059	0.0093
0.0023	0.0059
0.0006	0.0033
0.0000	0.0014
-0.0001	0.0002
0.0000	-0.0010
0.0006	-0.0029
0.0023	-0.0058
0.0059	-0.0095
0.0123	-0.0140
0.0227	-0.0182
0.0380	-0.0225
0.0593	-0.0270
0.0872	-0.0316
0.1223	-0.0360
0.1648	-0.0402
0.2144	-0.0440
0.2704	-0.0471
0.3318	-0.0498
0.3971	-0.0514
0.4648	-0.0529

0.5329	-0.0529
0.5998	-0.0515
0.6638	-0.0497
0.7235	-0.0475
0.7778	-0.0444
0.8260	-0.0409
0.8677	-0.0371
0.9029	-0.0327
0.9318	-0.0284
0.9549	-0.0240
0.9727	-0.0193
0.9858	-0.0136
0.9948	-0.0067
1.0000	0.0000

x/c	y/c	v/V	δ_1	δ_2	δ_3	Reδ_2	C_f	H_12	H_32	State	y1
[-]	[-]	[-]	[-]	[-]	[-]	[-]	[-]	[-]	[-]	[-]	[%]
1.0000	0.0000	0.4761	0.006788	0.001843	0.003526	87.8	0.0000	3.6825	1.9130	sep.	0.0000
0.9948	0.0097	1.2252	0.006788	0.001843	0.003526	225.9	0.0000	3.6825	1.9130	sep.	0.0000
0.9858	0.0131	0.9245	0.006788	0.001843	0.003526	170.4	0.0000	3.6825	1.9130	lam.	0.0000
0.9727	0.0188	1.1185	0.004049	0.001783	0.002880	202.1	0.0034	2.2701	1.6149	lam.	0.0244
0.9549	0.0238	1.1331	0.004837	0.001903	0.003004	211.7	0.0022	2.5413	1.5784	lam.	0.0299
0.9318	0.0281	1.1120	0.004819	0.001883	0.002968	209.1	0.0022	2.5593	1.5763	lam.	0.0301
0.9029	0.0324	1.1105	0.004897	0.001868	0.002933	206.9	0.0020	2.6211	1.5696	lam.	0.0313
0.8677	0.0365	1.1075	0.004474	0.001782	0.002820	198.3	0.0025	2.5101	1.5822	lam.	0.0283
0.8260	0.0405	1.1126	0.004767	0.001786	0.002796	197.3	0.0020	2.6685	1.5651	lam.	0.0315
0.7778	0.0440	1.1046	0.004388	0.001695	0.002666	188.0	0.0024	2.5886	1.5729	lam.	0.0292
0.7235	0.0471	1.1090	0.004356	0.001640	0.002569	181.6	0.0022	2.6558	1.5663	lam.	0.0300
0.6639	0.0496	1.1070	0.003638	0.001493	0.002376	166.7	0.0033	2.4366	1.5914	lam.	0.0247
0.5999	0.0516	1.1166	0.004602	0.001541	0.002374	168.8	0.0015	2.9860	1.5403	lam.	0.0369
0.5330	0.0519	1.0954	0.003158	0.001300	0.002071	145.8	0.0038	2.4286	1.5924	lam.	0.0230
0.4648	0.0526	1.1212	0.003421	0.001280	0.002003	141.2	0.0028	2.6727	1.5647	lam.	0.0267
0.3971	0.0512	1.1029	0.002973	0.001146	0.001803	127.2	0.0035	2.5928	1.5724	lam.	0.0240
0.3318	0.0495	1.1093	0.002597	0.001025	0.001618	113.8	0.0042	2.5340	1.5793	lam.	0.0218
0.2704	0.0469	1.1107	0.002575	0.000945	0.001474	104.2	0.0035	2.7260	1.5598	lam.	0.0238
0.2144	0.0435	1.1026	0.001992	0.000789	0.001247	88.1	0.0055	2.5249	1.5804	lam.	0.0191
0.1648	0.0399	1.1165	0.001811	0.000695	0.001093	77.0	0.0056	2.6046	1.5713	lam.	0.0189
0.1223	0.0355	1.1073	0.001549	0.000586	0.000918	64.9	0.0063	2.6445	1.5674	lam.	0.0178
0.0872	0.0311	1.1087	0.001218	0.000467	0.000734	52.2	0.0083	2.6063	1.5711	lam.	0.0155
0.0593	0.0267	1.1162	0.000915	0.000360	0.000568	40.3	0.0118	2.5402	1.5786	lam.	0.0130
0.0381	0.0222	1.1190	0.000653	0.000266	0.000422	29.5	0.0180	2.4574	1.5888	lam.	0.0105
0.0227	0.0177	1.1075	0.000441	0.000188	0.000302	20.1	0.0309	2.3413	1.6044	lam.	0.0080
0.0123	0.0134	1.0651	0.000314	0.000137	0.000220	13.0	0.0511	2.2957	1.6111	lam.	0.0063
0.0059	0.0093	0.9481	0.000226	0.000101	0.000164	8.0	0.0898	2.2404	1.6197	lam.	0.0047
0.0023	0.0059	0.7707	0.000204	0.000092	0.000148	4.2	0.1742	2.2325	1.6216	lam.	0.0034
0.0006	0.0033	0.5188	0.000203	0.000090	0.000146	1.8	0.3998	2.2434	1.6189	lam.	0.0022
0.0000	0.0014	0.2543	0.000098	0.000044	0.000071	0.4	0.0001	2.2364	1.6200	lam.	0.1414
-0.0001	0.0002	0.0632	0.000001	0.000000	0.000001	0.0	0.0000	2.2364	1.6200	lam.	0.0000
0.0000	-0.0010	0.1286	0.000114	0.000051	0.000083	0.4	0.0001	2.2364	1.6200	lam.	0.1414
0.0006	-0.0029	0.3957	0.000269	0.000119	0.000193	1.5	0.4553	2.2523	1.6175	lam.	0.0021
0.0023	-0.0058	0.6623	0.000206	0.000092	0.000149	3.1	0.2336	2.2335	1.6204	lam.	0.0029
0.0059	-0.0095	0.8924	0.000226	0.000101	0.000164	6.7	0.1068	2.2392	1.6196	lam.	0.0043
0.0123	-0.0140	1.0666	0.000297	0.000131	0.000212	11.7	0.0591	2.2647	1.6157	lam.	0.0058
0.0227	-0.0182	1.0938	0.000396	0.000172	0.000278	18.5	0.0357	2.2970	1.6108	lam.	0.0075
0.0380	-0.0225	1.0938	0.000659	0.000263	0.000417	28.8	0.0173	2.5034	1.5830	lam.	0.0107
0.0593	-0.0270	1.1001	0.000951	0.000367	0.000578	40.2	0.0110	2.5891	1.5728	lam.	0.0135
0.0872	-0.0316	1.1005	0.001190	0.000465	0.000734	51.2	0.0090	2.5562	1.5766	lam.	0.0149
0.1223	-0.0360	1.1017	0.001488	0.000575	0.000905	63.3	0.0070	2.5861	1.5732	lam.	0.0169
0.1648	-0.0402	1.1009	0.001768	0.000685	0.001078	75.5	0.0059	2.5807	1.5738	lam.	0.0184
0.2144	-0.0440	1.1040	0.002085	0.000803	0.001262	88.4	0.0050	2.5968	1.5720	lam.	0.0201
0.2704	-0.0471	1.0967	0.002333	0.000910	0.001433	100.4	0.0046	2.5645	1.5757	lam.	0.0210
0.3318	-0.0498	1.1025	0.002798	0.001050	0.001644	115.2	0.0035	2.6649	1.5654	lam.	0.0240

0.3971	-0.0514	1.0936	0.002894	0.001137	0.001794	125.3	0.0037	2.5456	1.5779	lam.	0.0231
0.4648	-0.0529	1.1092	0.003464	0.001286	0.002010	140.6	0.0027	2.6933	1.5628	lam.	0.0271
0.5329	-0.0529	1.1089	0.003228	0.001315	0.002090	145.9	0.0037	2.4543	1.5891	lam.	0.0234
0.5998	-0.0515	1.0955	0.003638	0.001427	0.002252	158.3	0.0030	2.5487	1.5775	lam.	0.0260
0.6638	-0.0497	1.0960	0.004447	0.001592	0.002474	174.4	0.0019	2.7940	1.5540	lam.	0.0324
0.7235	-0.0475	1.1049	0.004409	0.001655	0.002592	181.4	0.0022	2.6633	1.5656	lam.	0.0301
0.7778	-0.0444	1.0983	0.004172	0.001669	0.002642	184.4	0.0027	2.4999	1.5834	lam.	0.0271
0.8260	-0.0409	1.1019	0.004711	0.001781	0.002791	195.6	0.0021	2.6450	1.5673	lam.	0.0309
0.8677	-0.0371	1.1058	0.004630	0.001807	0.002848	199.2	0.0023	2.5618	1.5760	lam.	0.0295
0.9029	-0.0327	1.0986	0.004591	0.001828	0.002891	202.1	0.0024	2.5119	1.5820	lam.	0.0287
0.9318	-0.0284	1.0992	0.005119	0.001922	0.003009	211.2	0.0019	2.6636	1.5655	lam.	0.0325
0.9549	-0.0240	1.1098	0.005125	0.001945	0.003051	213.9	0.0019	2.6345	1.5683	lam.	0.0321
0.9727	-0.0193	1.1162	0.004624	0.001889	0.003004	209.7	0.0026	2.4478	1.5900	lam.	0.0279
0.9858	-0.0136	1.0402	0.006833	0.003207	0.003575	333.6	0.0000	2.1305	1.1148	lam.	0.0000
0.9948	-0.0067	0.8365	0.006833	0.003207	0.003575	268.3	0.0000	2.1305	1.1148	sep.	0.0000
1.0000	0.0000	0.4761	0.006833	0.003207	0.003575	152.7	0.0000	2.1305	1.1148	sep.	0.0000

α	Cl	Cd	Cm 0.25	T.U.	T.L.	S.U.	S.L.	L/D	A.C.	C.P.
[°]	[-]	[-]	[-]	[-]	[-]	[-]	[-]	[-]	[-]	[-]
-49.0	-0.043	0.94812	0.035	0.535	0.002	0.537	0.033	-0.045	0.274	1.061
-48.0	-0.045	0.93481	0.035	0.535	0.002	0.537	0.033	-0.048	0.243	1.026
-47.0	-0.047	0.89844	0.035	0.533	0.002	0.534	0.033	-0.052	0.214	0.987
-46.0	-0.049	0.86786	0.034	0.533	0.002	0.534	0.032	-0.057	1.097	0.950
-45.0	-0.052	0.83849	0.039	0.977	0.002	0.981	0.032	-0.062	1.007	0.998
-44.0	-0.055	0.81639	0.039	0.977	0.002	0.981	0.031	-0.067	0.176	0.956
-43.0	-0.058	0.79974	0.038	0.977	0.002	0.981	0.031	-0.072	0.160	0.914
-42.0	-0.061	0.76185	0.038	0.979	0.002	0.983	0.030	-0.080	0.144	0.871
-41.0	-0.065	0.73586	0.038	0.977	0.002	0.981	0.029	-0.088	0.139	0.829
-40.0	-0.069	0.71511	0.037	0.977	0.002	0.981	0.029	-0.096	0.139	0.789
-39.0	-0.073	0.69322	0.037	0.977	0.002	0.980	0.028	-0.106	0.135	0.749
-38.0	-0.078	0.66777	0.036	0.979	0.002	0.982	0.027	-0.117	0.130	0.710
-37.0	-0.084	0.64102	0.035	0.977	0.001	0.980	0.026	-0.131	0.127	0.672
-36.0	-0.090	0.61454	0.035	0.977	0.001	0.980	0.025	-0.146	0.128	0.636
-35.0	-0.096	0.58527	0.034	0.977	0.001	0.980	0.024	-0.165	0.129	0.601
-34.0	-0.104	0.58000	0.033	0.977	0.001	0.980	0.023	-0.179	0.150	0.567
-33.0	-0.112	0.57117	0.032	0.978	0.001	0.982	0.022	-0.196	0.163	0.537
-32.0	-0.121	0.51685	0.031	0.978	0.001	0.981	0.021	-0.235	0.168	0.508
-31.0	-0.132	0.50145	0.031	0.978	0.001	0.981	0.021	-0.263	0.177	0.482
-30.0	-0.144	0.47957	0.030	0.978	0.001	0.981	0.020	-0.299	0.180	0.457
-29.0	-0.157	0.44821	0.029	0.978	0.001	0.981	0.020	-0.350	0.190	0.434
-28.0	-0.172	0.41333	0.028	0.978	0.001	0.981	0.019	-0.415	0.195	0.413
-27.0	-0.189	0.38409	0.027	0.978	0.001	0.981	0.019	-0.491	0.198	0.394
-26.0	-0.208	0.36876	0.026	0.976	0.001	0.979	0.018	-0.563	0.201	0.376
-25.0	-0.229	0.33630	0.025	0.978	0.001	0.981	0.018	-0.682	0.210	0.360
-24.0	-0.254	0.31141	0.024	0.978	0.001	0.981	0.018	-0.816	0.216	0.346
-23.0	-0.282	0.28602	0.023	0.978	0.001	0.980	0.017	-0.986	0.218	0.333
-22.0	-0.314	0.26123	0.022	0.978	0.001	0.980	0.017	-1.202	0.221	0.321
-21.0	-0.349	0.23796	0.021	0.978	0.001	0.980	0.017	-1.467	0.223	0.311
-20.0	-0.388	0.21733	0.020	0.978	0.001	0.980	0.017	-1.784	0.223	0.303
-19.0	-0.430	0.19682	0.019	0.978	0.001	0.980	0.016	-2.186	0.224	0.295
-18.0	-0.477	0.17889	0.018	0.978	0.001	0.980	0.016	-2.666	0.227	0.288
-17.0	-0.527	0.16384	0.017	0.978	0.001	0.980	0.015	-3.215	0.228	0.282
-16.0	-0.579	0.14428	0.016	0.978	0.001	0.980	0.015	-4.014	0.232	0.278
-15.0	-0.632	0.12800	0.015	0.978	0.001	0.980	0.016	-4.935	0.231	0.274
-14.0	-0.681	0.11275	0.014	0.978	0.001	0.980	0.016	-6.043	0.232	0.271
-13.0	-0.725	0.09815	0.013	0.978	0.001	0.980	0.019	-7.383	0.231	0.268
-12.0	-0.757	0.08586	0.013	0.978	0.001	0.980	0.022	-8.815	0.228	0.267
-11.0	-0.774	0.07366	0.012	0.978	0.001	0.980	0.033	-10.513	0.198	0.266
-10.0	-0.773	0.06309	0.012	0.978	0.002	0.980	0.047	-12.251	0.296	0.265
-9.0	-0.920	0.01461	0.019	0.977	0.002	0.980	0.987	-62.954	0.302	0.271
-8.0	-0.860	0.00843	0.016	0.977	0.005	0.980	0.992	-102.04	0.288	0.269
-7.0	-0.780	0.00770	0.014	0.977	0.013	0.980	0.993	-101.31	0.281	0.267

-6.0	-0.684	0.00725	0.011	0.977	0.014	0.980	0.993	-94.244	0.277	0.266
-5.0	-0.575	0.00685	0.008	0.976	0.016	0.979	0.994	-83.913	0.274	0.264
-4.0	-0.459	0.00649	0.005	0.976	0.018	0.979	0.994	-70.671	0.274	0.262
-3.0	-0.340	0.00614	0.003	0.976	0.031	0.978	0.994	-55.437	0.273	0.258
-2.0	-0.220	0.00376	-0.000	0.975	0.976	0.978	0.985	-58.461	0.273	0.249
-1.0	-0.099	0.00370	-0.003	0.974	0.977	0.978	0.986	-26.693	0.273	0.220
0.0	0.022	0.00368	-0.006	0.974	0.978	0.977	0.986	6.111	0.273	0.503
1.0	0.144	0.00365	-0.008	0.974	0.979	0.977	0.987	39.341	0.273	0.309
2.0	0.265	0.00825	-0.011	0.525	0.979	1.000	0.987	32.151	0.273	0.292
3.0	0.386	0.01281	-0.014	0.053	0.980	1.000	0.987	30.101	0.273	0.286
4.0	0.503	0.01434	-0.017	0.019	0.980	1.000	0.987	35.069	0.274	0.283
5.0	0.615	0.01550	-0.019	0.012	0.981	1.000	0.987	39.677	0.275	0.282
6.0	0.718	0.01711	-0.022	0.005	0.983	1.000	0.987	41.942	0.278	0.281
7.0	0.805	0.01869	-0.025	0.004	0.983	1.000	0.987	43.081	0.284	0.281
8.0	0.874	0.02082	-0.028	0.003	0.982	1.000	0.987	41.972	0.391	0.281
9.0	0.745	0.05593	-0.016	0.002	0.983	0.048	0.987	13.324	0.356	0.272
10.0	0.759	0.06623	-0.015	0.002	0.983	0.022	0.987	11.456	0.092	0.270
11.0	0.754	0.07688	-0.015	0.001	0.983	0.014	0.987	9.801	0.271	0.270
12.0	0.728	0.08769	-0.015	0.001	0.983	0.009	0.987	8.301	0.260	0.270
13.0	0.689	0.09984	-0.014	0.001	0.984	0.006	0.987	6.903	0.220	0.271
14.0	0.643	0.11299	-0.017	0.001	0.984	0.011	0.987	5.690	0.209	0.277
15.0	0.592	0.12704	-0.018	0.001	0.985	0.012	0.987	4.657	0.227	0.281
16.0	0.539	0.14225	-0.020	0.001	0.986	0.012	0.987	3.790	0.225	0.286
17.0	0.488	0.15861	-0.021	0.001	0.986	0.014	0.987	3.079	0.225	0.293
18.0	0.440	0.17487	-0.022	0.001	0.986	0.014	0.988	2.518	0.227	0.300
19.0	0.396	0.19378	-0.023	0.001	0.986	0.015	0.987	2.045	0.222	0.308
20.0	0.357	0.21380	-0.024	0.001	0.986	0.015	0.987	1.668	0.223	0.318
21.0	0.321	0.23107	-0.025	0.001	0.986	0.015	0.987	1.388	0.215	0.329
22.0	0.289	0.25400	-0.027	0.001	0.986	0.017	0.987	1.138	0.206	0.342
23.0	0.261	0.27569	-0.028	0.001	0.986	0.018	0.987	0.947	0.208	0.357
24.0	0.236	0.29417	-0.029	0.001	0.986	0.019	0.988	0.803	0.205	0.372
25.0	0.214	0.31629	-0.030	0.001	0.986	0.020	0.987	0.677	0.203	0.390
26.0	0.195	0.33432	-0.031	0.002	0.986	0.021	0.988	0.583	0.201	0.408
27.0	0.178	0.35779	-0.032	0.002	0.986	0.021	0.988	0.496	0.196	0.429
28.0	0.162	0.38171	-0.033	0.001	0.986	0.022	0.988	0.425	0.194	0.451
29.0	0.149	0.41174	-0.033	0.002	0.986	0.022	0.988	0.361	0.192	0.474
30.0	0.137	0.42680	-0.034	0.002	0.986	0.022	0.988	0.321	0.188	0.499
31.0	0.126	0.46902	-0.035	0.002	0.987	0.023	0.988	0.269	0.185	0.526
32.0	0.117	0.49509	-0.035	0.002	0.987	0.023	0.988	0.235	0.189	0.554
33.0	0.108	0.51447	-0.036	0.002	0.987	0.023	0.988	0.210	0.178	0.582
34.0	0.100	0.54944	-0.037	0.002	0.987	0.024	0.988	0.183	0.161	0.614
35.0	0.093	0.57032	-0.037	0.002	0.987	0.024	0.988	0.164	0.143	0.648
36.0	0.087	0.59853	-0.038	0.002	0.987	0.026	0.988	0.146	0.129	0.685
37.0	0.081	0.61983	-0.039	0.002	0.987	0.027	0.988	0.131	0.139	0.724
38.0	0.076	0.65487	-0.039	0.002	0.987	0.028	0.989	0.116	0.145	0.764
39.0	0.072	0.67055	-0.040	0.002	0.987	0.029	0.989	0.107	0.152	0.805
40.0	0.067	0.69381	-0.040	0.002	0.987	0.029	0.989	0.097	0.154	0.846
41.0	0.063	0.73056	-0.040	0.002	0.987	0.030	0.989	0.087	0.150	0.889
42.0	0.060	0.74524	-0.041	0.002	0.987	0.031	0.989	0.080	0.173	0.933
43.0	0.056	0.78538	-0.041	0.002	0.987	0.032	0.989	0.072	0.201	0.976
44.0	0.053	0.80387	-0.041	0.002	0.987	0.032	0.990	0.067	0.194	1.019
45.0	0.051	0.83556	-0.041	0.002	0.988	0.033	0.990	0.061	1.122	1.064
46.0	0.048	0.86270	-0.037	0.002	0.534	0.033	0.535	0.056	1.246	1.007
47.0	0.046	0.89486	-0.037	0.002	0.533	0.034	0.533	0.051	0.276	1.045
48.0	0.044	0.90681	-0.036	0.002	0.535	0.034	0.536	0.048	0.296	1.082
49.0	0.042	0.94729	-0.036	0.002	0.535	0.034	0.536	0.044	0.334	1.118
50.0	0.040	0.96555	-0.036	0.002	0.535	0.035	0.536	0.041	0.363	1.152

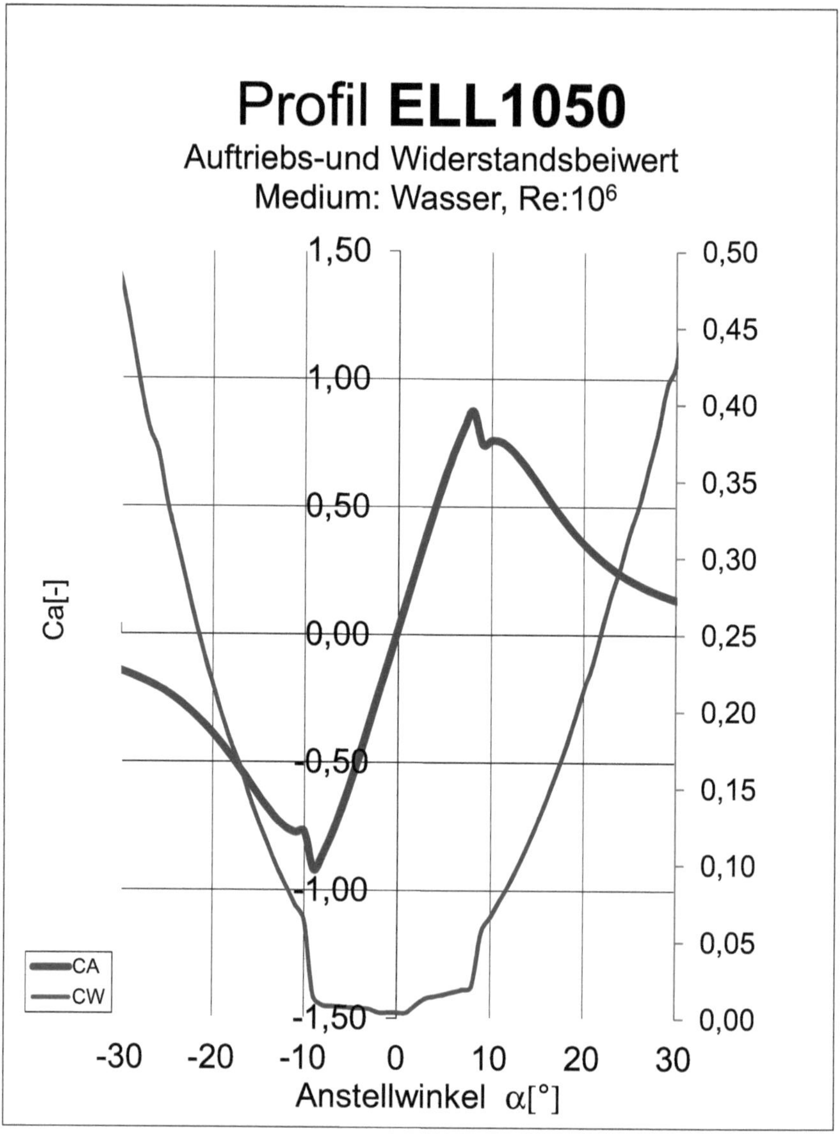
Profil ELL1050
Auftriebs-und Widerstandsbeiwert
Medium: Wasser, Re:10^6
1,50
1,00
0,50
0,00
-0,50
-1,00
-1,50
0,50
0,45
0,40
0,35
0,30
0,25
0,20
0,15
0,10
0,05
0,00
Ca[-]
CA
CW
-30
-20
-10
0
10
20
30
Anstellwinkel α[°]

Elliptische Profile als Ersatz für für Surfboardfinnen

ELL0850 Wasser RE 10E6

1.0000	0.0000
0.9966	0.0066
0.9863	0.0131
0.9701	0.0178
0.9491	0.0220
0.9236	0.0258
0.8940	0.0293
0.8605	0.0325
0.8236	0.0352
0.7834	0.0377
0.7406	0.0401
0.6954	0.0418
0.6484	0.0431
0.5999	0.0445
0.5505	0.0448
0.5005	0.0449
0.4506	0.0447
0.4011	0.0445
0.3526	0.0433
0.3056	0.0419
0.2604	0.0400
0.2176	0.0379
0.1775	0.0353
0.1405	0.0325
0.1071	0.0293
0.0774	0.0259
0.0520	0.0221
0.0309	0.0181
0.0148	0.0134
0.0034	0.0068
-0.0000	0.0007
0.0032	-0.0059
0.0136	-0.0124
0.0298	-0.0172
0.0508	-0.0215
0.0763	-0.0252
0.1059	-0.0287
0.1394	-0.0318
0.1764	-0.0345
0.2165	-0.0373
0.2593	-0.0392
0.3045	-0.0410

0.3515	-0.0428
0.4000	-0.0436
0.4495	-0.0444
0.4994	-0.0445
0.5494	-0.0445
0.5988	-0.0436
0.6473	-0.0427
0.6943	-0.0409
0.7395	-0.0393
0.7824	-0.0372
0.8225	-0.0348
0.8595	-0.0320
0.8929	-0.0287
0.9225	-0.0253
0.9480	-0.0215
0.9690	-0.0172
0.9854	-0.0127
0.9951	-0.0057
1.0000	0.0000

x/c	y/c	v/V	δ_1	δ_2	δ_3	Reδ_2	C_f	H_12	H_32	State	y1
[-]	[-]	[-]	[-]	[-]	[-]	[-]	[-]	[-]	[-]	[-]	[%]
1.0000	0.0000	0.5764	0.006654	0.001863	0.003503	107.4	0.0000	3.5709	1.8801	sep.	0.0000
0.9966	0.0066	0.9633	0.006654	0.001863	0.003503	179.5	0.0000	3.5709	1.8801	lam.	0.0000
0.9863	0.0131	1.1514	0.004444	0.001863	0.002978	208.5	0.0028	2.3852	1.5983	lam.	0.0267
0.9701	0.0178	1.1188	0.004491	0.001863	0.002972	207.8	0.0027	2.4099	1.5951	lam.	0.0271
0.9491	0.0220	1.1147	0.004692	0.001883	0.002983	208.6	0.0024	2.4925	1.5844	lam.	0.0287
0.9236	0.0258	1.1078	0.004688	0.001866	0.002952	206.3	0.0024	2.5125	1.5818	lam.	0.0290
0.8940	0.0293	1.1053	0.004487	0.001817	0.002885	201.0	0.0026	2.4691	1.5875	lam.	0.0278
0.8605	0.0325	1.1062	0.004785	0.001838	0.002889	201.8	0.0022	2.6033	1.5715	lam.	0.0305
0.8236	0.0352	1.0974	0.004934	0.001822	0.002844	199.3	0.0019	2.7083	1.5611	lam.	0.0326
0.7834	0.0377	1.0942	0.004223	0.001696	0.002688	187.4	0.0027	2.4897	1.5848	lam.	0.0272
0.7406	0.0401	1.1047	0.004335	0.001682	0.002649	184.7	0.0024	2.5771	1.5745	lam.	0.0287
0.6954	0.0418	1.0982	0.004787	0.001691	0.002621	184.2	0.0017	2.8312	1.5505	lam.	0.0342
0.6484	0.0431	1.0901	0.003621	0.001499	0.002390	166.3	0.0034	2.4154	1.5944	lam.	0.0243
0.5999	0.0445	1.1089	0.003942	0.001514	0.002380	165.7	0.0026	2.6027	1.5715	lam.	0.0276
0.5505	0.0448	1.0941	0.003811	0.001450	0.002275	158.6	0.0026	2.6281	1.5691	lam.	0.0275
0.5005	0.0449	1.0938	0.003999	0.001412	0.002189	153.9	0.0020	2.8326	1.5506	lam.	0.0313
0.4506	0.0447	1.0903	0.003075	0.001241	0.001970	137.5	0.0038	2.4766	1.5864	lam.	0.0231
0.4011	0.0445	1.1074	0.003205	0.001215	0.001905	133.2	0.0031	2.6375	1.5680	lam.	0.0253
0.3526	0.0433	1.0959	0.002848	0.001114	0.001756	122.6	0.0038	2.5568	1.5767	lam.	0.0230
0.3056	0.0419	1.1003	0.002785	0.001048	0.001641	114.8	0.0035	2.6585	1.5659	lam.	0.0239
0.2604	0.0400	1.0960	0.002404	0.000939	0.001479	103.4	0.0044	2.5611	1.5761	lam.	0.0212
0.2176	0.0379	1.1021	0.002304	0.000868	0.001360	95.3	0.0043	2.6541	1.5664	lam.	0.0217
0.1775	0.0353	1.0979	0.001949	0.000756	0.001190	83.4	0.0054	2.5784	1.5741	lam.	0.0193
0.1405	0.0325	1.1039	0.001790	0.000671	0.001049	73.9	0.0054	2.6693	1.5649	lam.	0.0193
0.1071	0.0293	1.1016	0.001447	0.000561	0.000883	62.3	0.0072	2.5789	1.5740	lam.	0.0166
0.0774	0.0259	1.1109	0.001290	0.000471	0.000734	52.1	0.0070	2.7390	1.5584	lam.	0.0170
0.0520	0.0221	1.1083	0.000896	0.000340	0.000534	38.5	0.0110	2.6309	1.5686	lam.	0.0135
0.0309	0.0181	1.1312	0.000459	0.000197	0.000316	22.4	0.0279	2.3364	1.6050	lam.	0.0085
0.0148	0.0134	1.1413	0.000205	0.000092	0.000148	8.0	0.0887	2.2362	1.6200	lam.	0.0047
0.0034	0.0068	0.9518	0.000137	0.000061	0.000099	1.9	0.0001	2.2364	1.6200	lam.	0.1414
-0.0000	0.0007	0.1561	0.000001	0.000000	0.000001	0.0	0.0000	2.2364	1.6200	lam.	0.0000
0.0032	-0.0059	0.7782	0.000148	0.000066	0.000107	1.9	0.0001	2.2364	1.6200	lam.	0.1414
0.0136	-0.0124	1.0547	0.000222	0.000099	0.000161	7.8	0.0918	2.2362	1.6200	lam.	0.0047
0.0298	-0.0172	1.0561	0.000405	0.000178	0.000286	18.8	0.0359	2.2798	1.6133	lam.	0.0075
0.0508	-0.0215	1.0723	0.000830	0.000321	0.000505	33.9	0.0132	2.5847	1.5733	lam.	0.0123
0.0763	-0.0252	1.0647	0.001067	0.000423	0.000669	45.4	0.0108	2.5204	1.5810	lam.	0.0136
0.1059	-0.0287	1.0714	0.001444	0.000547	0.000857	58.2	0.0071	2.6404	1.5677	lam.	0.0168
0.1394	-0.0318	1.0713	0.001630	0.000641	0.001011	68.7	0.0069	2.5447	1.5781	lam.	0.0171
0.1764	-0.0345	1.0626	0.001912	0.000739	0.001163	79.2	0.0056	2.5856	1.5732	lam.	0.0189
0.2165	-0.0373	1.0816	0.002318	0.000863	0.001349	91.7	0.0042	2.6862	1.5633	lam.	0.0217

0.2593	-0.0392	1.0676	0.002187	0.000896	0.001425	96.9	0.0056	2.4426	1.5908	lam.	0.0189
0.3045	-0.0410	1.0668	0.002868	0.001048	0.001633	111.8	0.0032	2.7368	1.5586	lam.	0.0249
0.3515	-0.0428	1.0839	0.002973	0.001126	0.001765	120.1	0.0034	2.6401	1.5679	lam.	0.0241
0.4000	-0.0436	1.0692	0.002768	0.001142	0.001820	123.9	0.0045	2.4230	1.5933	lam.	0.0211
0.4495	-0.0444	1.0794	0.003565	0.001301	0.002028	139.1	0.0026	2.7401	1.5582	lam.	0.0278
0.4994	-0.0445	1.0712	0.003315	0.001321	0.002091	142.7	0.0035	2.5090	1.5825	lam.	0.0240
0.5494	-0.0445	1.0830	0.003867	0.001443	0.002257	154.6	0.0025	2.6793	1.5639	lam.	0.0281
0.5988	-0.0436	1.0692	0.003575	0.001446	0.002296	156.7	0.0033	2.4717	1.5871	lam.	0.0245
0.6473	-0.0427	1.0814	0.004399	0.001597	0.002486	170.7	0.0021	2.7548	1.5569	lam.	0.0311
0.6943	-0.0409	1.0629	0.003921	0.001577	0.002500	170.5	0.0030	2.4865	1.5853	lam.	0.0259
0.7395	-0.0393	1.0738	0.005131	0.001764	0.002724	187.5	0.0015	2.9091	1.5448	lam.	0.0366
0.7824	-0.0372	1.0716	0.004413	0.001727	0.002724	185.4	0.0025	2.5553	1.5771	lam.	0.0283
0.8225	-0.0348	1.0738	0.004672	0.001795	0.002820	192.3	0.0023	2.6030	1.5713	lam.	0.0298
0.8595	-0.0320	1.0756	0.004673	0.001825	0.002876	196.0	0.0023	2.5605	1.5762	lam.	0.0292
0.8929	-0.0287	1.0650	0.004708	0.001853	0.002926	199.3	0.0024	2.5404	1.5786	lam.	0.0290
0.9225	-0.0253	1.0699	0.005487	0.001975	0.003071	210.3	0.0016	2.7783	1.5548	lam.	0.0352
0.9480	-0.0215	1.0696	0.005128	0.001959	0.003077	209.7	0.0020	2.6172	1.5703	lam.	0.0314
0.9690	-0.0172	1.0463	0.005197	0.001988	0.003121	212.6	0.0020	2.6145	1.5703	lam.	0.0315
0.9854	-0.0127	1.1023	0.005232	0.002233	0.003372	233.3	0.0013	2.3424	1.5097	turb.	0.0398
0.9951	-0.0057	0.7829	0.007410	0.003274	0.003866	256.3	0.0000	2.2636	1.1809	turb.	0.0000
1.0000	0.0000	0.5764	0.007410	0.003274	0.003866	188.7	0.0000	2.2636	1.1809	sep.	0.0000

α	Cl	Cd	Cm 0.25	T.U.	T.L.	S.U.	S.L.	L/D	A.C.	C.P.
[°]	[-]	[-]	[-]	[-]	[-]	[-]	[-]	[-]	[-]	[-]
-49.0	-0.033	0.89552	0.028	0.501	0.003	0.502	0.037	-0.037	0.143	1.082
-48.0	-0.035	0.84376	0.028	0.501	0.003	0.502	0.036	-0.041	0.229	1.039
-47.0	-0.037	0.82728	0.028	0.502	0.003	0.504	0.036	-0.044	0.210	1.004
-46.0	-0.039	0.78869	0.027	0.502	0.003	0.504	0.035	-0.049	0.142	0.961
-45.0	-0.041	0.78711	0.027	0.502	0.003	0.504	0.034	-0.052	1.045	0.920
-44.0	-0.043	0.75993	0.031	0.992	0.003	1.000	0.033	-0.057	0.868	0.969
-43.0	-0.045	0.81107	0.030	0.992	0.003	1.000	0.030	-0.056	0.054	0.915
-42.0	-0.048	0.76703	0.030	0.992	0.002	0.996	0.029	-0.063	0.145	0.871
-41.0	-0.051	0.75636	0.030	0.992	0.002	1.000	0.029	-0.068	0.129	0.829
-40.0	-0.054	0.70055	0.029	0.992	0.002	0.996	0.028	-0.078	0.125	0.786
-39.0	-0.058	0.68784	0.029	0.992	0.002	0.996	0.028	-0.084	0.129	0.745
-38.0	-0.062	0.63812	0.028	0.992	0.002	0.995	0.027	-0.097	0.131	0.705
-37.0	-0.066	0.63182	0.028	0.992	0.002	0.995	0.027	-0.105	0.149	0.668
-36.0	-0.071	0.58751	0.027	0.992	0.003	0.994	0.027	-0.121	0.152	0.633
-35.0	-0.077	0.54178	0.027	0.993	0.003	0.996	0.027	-0.142	0.156	0.598
-34.0	-0.083	0.53499	0.026	0.991	0.003	0.995	0.027	-0.155	0.155	0.566
-33.0	-0.090	0.52517	0.025	0.991	0.002	0.994	0.026	-0.170	0.165	0.535
-32.0	-0.097	0.47599	0.025	0.991	0.003	0.994	0.026	-0.204	0.173	0.507
-31.0	-0.106	0.44568	0.024	0.993	0.003	0.995	0.026	-0.237	0.165	0.479
-30.0	-0.115	0.43274	0.023	0.991	0.002	0.994	0.025	-0.267	0.173	0.453
-29.0	-0.126	0.41642	0.023	0.991	0.002	0.994	0.025	-0.303	0.183	0.430
-28.0	-0.139	0.38447	0.022	0.993	0.002	0.995	0.024	-0.361	0.190	0.407
-27.0	-0.153	0.34925	0.021	0.991	0.002	0.993	0.024	-0.437	0.195	0.388
-26.0	-0.169	0.32615	0.020	0.992	0.002	0.995	0.023	-0.517	0.197	0.370
-25.0	-0.187	0.30243	0.019	0.992	0.002	0.995	0.023	-0.619	0.200	0.353
-24.0	-0.208	0.29495	0.018	0.991	0.001	0.994	0.022	-0.705	0.204	0.338
-23.0	-0.232	0.26763	0.017	0.992	0.002	0.995	0.021	-0.867	0.207	0.324
-22.0	-0.259	0.24801	0.016	0.992	0.002	0.994	0.019	-1.046	0.212	0.312
-21.0	-0.291	0.23275	0.015	0.991	0.001	0.993	0.018	-1.250	0.215	0.301
-20.0	-0.327	0.22372	0.014	0.991	0.001	0.993	0.016	-1.460	0.217	0.292
-19.0	-0.367	0.21426	0.012	0.991	0.001	0.993	0.013	-1.712	0.224	0.284
-18.0	-0.412	0.18616	0.011	0.992	0.002	0.994	0.013	-2.214	0.229	0.278
-17.0	-0.462	0.16591	0.010	0.992	0.002	0.994	0.012	-2.785	0.230	0.272
-16.0	-0.515	0.15563	0.009	0.992	0.001	0.994	0.011	-3.312	0.234	0.268
-15.0	-0.571	0.12755	0.009	0.991	0.002	0.993	0.013	-4.476	0.236	0.265
-14.0	-0.625	0.11229	0.008	0.991	0.002	0.993	0.014	-5.567	0.233	0.262
-13.0	-0.673	0.09910	0.007	0.991	0.002	0.993	0.014	-6.795	0.226	0.260

-12.0	-0.710	0.08633	0.006	0.992	0.003	0.994	0.013	-8.227	0.214	0.258
-11.0	-0.730	0.07484	0.005	0.991	0.004	0.993	0.014	-9.757	0.159	0.257
-10.0	-0.730	0.06555	0.004	0.990	0.005	0.993	0.018	-11.130	0.308	0.256
-9.0	-0.701	0.05610	0.003	0.992	0.005	0.994	0.025	-12.500	0.272	0.254
-8.0	-0.651	0.04690	0.002	0.990	0.006	0.992	0.061	-13.881	0.149	0.254
-7.0	-0.716	0.00768	0.002	0.990	0.007	0.992	0.994	-93.287	0.352	0.252
-6.0	-0.620	0.00713	-0.001	0.990	0.009	0.992	0.994	-86.867	0.275	0.249
-5.0	-0.514	0.00667	-0.003	0.991	0.013	0.994	0.994	-77.045	0.273	0.244
-4.0	-0.402	0.00626	-0.006	0.991	0.018	0.993	0.994	-64.142	0.272	0.235
-3.0	-0.286	0.00592	-0.008	0.991	0.023	0.993	0.995	-48.277	0.271	0.221
-2.0	-0.167	0.00341	-0.011	0.991	0.689	0.993	0.994	-49.034	0.271	0.185
-1.0	-0.049	0.00337	-0.013	0.991	0.957	0.993	0.990	-14.413	0.271	-0.024
0.0	0.070	0.00333	-0.016	0.991	0.961	0.993	0.990	21.084	0.271	0.475
1.0	0.189	0.00331	-0.018	0.990	0.966	0.993	0.989	57.056	0.271	0.347
2.0	0.308	0.00667	-0.021	0.032	0.969	1.000	0.991	46.142	0.271	0.318
3.0	0.424	0.00743	-0.023	0.023	0.988	1.000	0.989	57.095	0.271	0.305
4.0	0.538	0.00794	-0.026	0.014	0.989	1.000	0.989	67.757	0.272	0.298
5.0	0.646	0.00852	-0.028	0.009	0.989	1.000	0.990	75.782	0.273	0.294
6.0	0.745	0.00913	-0.031	0.007	0.989	1.000	0.990	81.597	0.276	0.291
7.0	0.834	0.00962	-0.033	0.006	0.989	1.000	0.990	86.614	0.916	0.290
8.0	0.726	0.05018	-0.018	0.005	0.989	0.030	0.990	14.463	0.443	0.274
9.0	0.749	0.05860	-0.017	0.005	0.989	0.017	0.990	12.778	0.275	0.272
10.0	0.751	0.06729	-0.018	0.003	0.989	0.019	0.990	11.159	0.115	0.274
11.0	0.730	0.07753	-0.019	0.003	0.989	0.019	0.990	9.421	0.237	0.276
12.0	0.692	0.09186	-0.019	0.001	0.988	0.014	0.989	7.530	0.246	0.277
13.0	0.642	0.10695	-0.019	0.001	0.989	0.013	0.990	6.003	0.241	0.280
14.0	0.586	0.12315	-0.020	0.001	0.989	0.011	0.990	4.761	0.239	0.284
15.0	0.529	0.14159	-0.021	0.001	0.988	0.011	0.989	3.738	0.232	0.289
16.0	0.474	0.15311	-0.022	0.002	0.988	0.012	0.989	3.097	0.230	0.296
17.0	0.423	0.17653	-0.023	0.001	0.989	0.012	0.990	2.394	0.227	0.304
18.0	0.376	0.19366	-0.024	0.002	0.988	0.014	0.989	1.941	0.223	0.314
19.0	0.334	0.21988	-0.025	0.001	0.988	0.014	0.989	1.520	0.223	0.325
20.0	0.297	0.21725	-0.026	0.001	0.988	0.016	0.989	1.368	0.208	0.339
21.0	0.265	0.23416	-0.028	0.001	0.988	0.019	0.989	1.132	0.201	0.356
22.0	0.237	0.24018	-0.029	0.002	0.988	0.020	0.989	0.986	0.197	0.374
23.0	0.212	0.26635	-0.031	0.002	0.988	0.023	0.989	0.797	0.197	0.395
24.0	0.191	0.28515	-0.032	0.002	0.988	0.024	0.989	0.669	0.215	0.417
25.0	0.172	0.31036	-0.032	0.002	0.988	0.023	0.989	0.554	0.196	0.438
26.0	0.155	0.31582	-0.034	0.003	0.989	0.026	0.990	0.492	0.179	0.467
27.0	0.141	0.34420	-0.034	0.003	0.989	0.026	0.990	0.410	0.194	0.494
28.0	0.128	0.36924	-0.035	0.003	0.989	0.027	0.990	0.348	0.195	0.525
29.0	0.117	0.40161	-0.036	0.002	0.988	0.027	0.989	0.292	0.190	0.556
30.0	0.107	0.42993	-0.036	0.002	0.989	0.027	0.990	0.250	0.179	0.590
31.0	0.099	0.45715	-0.037	0.002	0.989	0.028	0.990	0.216	0.180	0.627
32.0	0.091	0.48293	-0.038	0.002	0.988	0.028	0.989	0.188	0.173	0.665
33.0	0.084	0.49240	-0.038	0.003	0.989	0.029	0.990	0.170	0.167	0.706
34.0	0.078	0.52499	-0.039	0.003	0.988	0.029	0.989	0.148	0.187	0.749
35.0	0.072	0.54499	-0.039	0.002	0.988	0.029	0.989	0.132	0.188	0.791
36.0	0.067	0.59296	-0.039	0.003	0.988	0.029	0.989	0.113	0.181	0.837
37.0	0.063	0.60462	-0.040	0.003	0.988	0.029	0.989	0.104	0.192	0.883
38.0	0.059	0.61820	-0.040	0.003	0.989	0.029	0.990	0.095	0.182	0.931
39.0	0.055	0.67407	-0.040	0.003	0.989	0.029	0.990	0.081	0.190	0.982
40.0	0.052	0.69091	-0.040	0.003	0.988	0.029	0.989	0.075	0.211	1.032
41.0	0.049	0.69664	-0.040	0.003	0.989	0.030	0.990	0.070	0.207	1.083
42.0	0.046	0.76317	-0.041	0.003	0.989	0.030	0.990	0.060	0.206	1.136
43.0	0.043	0.78111	-0.041	0.003	0.989	0.030	0.990	0.055	0.197	1.190
44.0	0.041	0.81532	-0.041	0.003	0.988	0.031	0.989	0.050	0.213	1.246
45.0	0.039	0.82564	-0.041	0.003	0.988	0.031	0.989	0.047	0.163	1.301
46.0	0.037	0.84094	-0.041	0.003	0.989	0.033	0.990	0.044	1.406	1.364
47.0	0.035	0.85735	-0.037	0.003	0.551	0.033	0.552	0.041	1.548	1.289
48.0	0.034	0.89998	-0.037	0.003	0.551	0.035	0.552	0.037	0.213	1.346
49.0	0.032	0.91276	-0.037	0.003	0.551	0.036	0.552	0.035	0.329	1.395
50.0	0.031	0.93066	-0.037	0.003	0.550	0.037	0.551	0.033	0.356	1.442

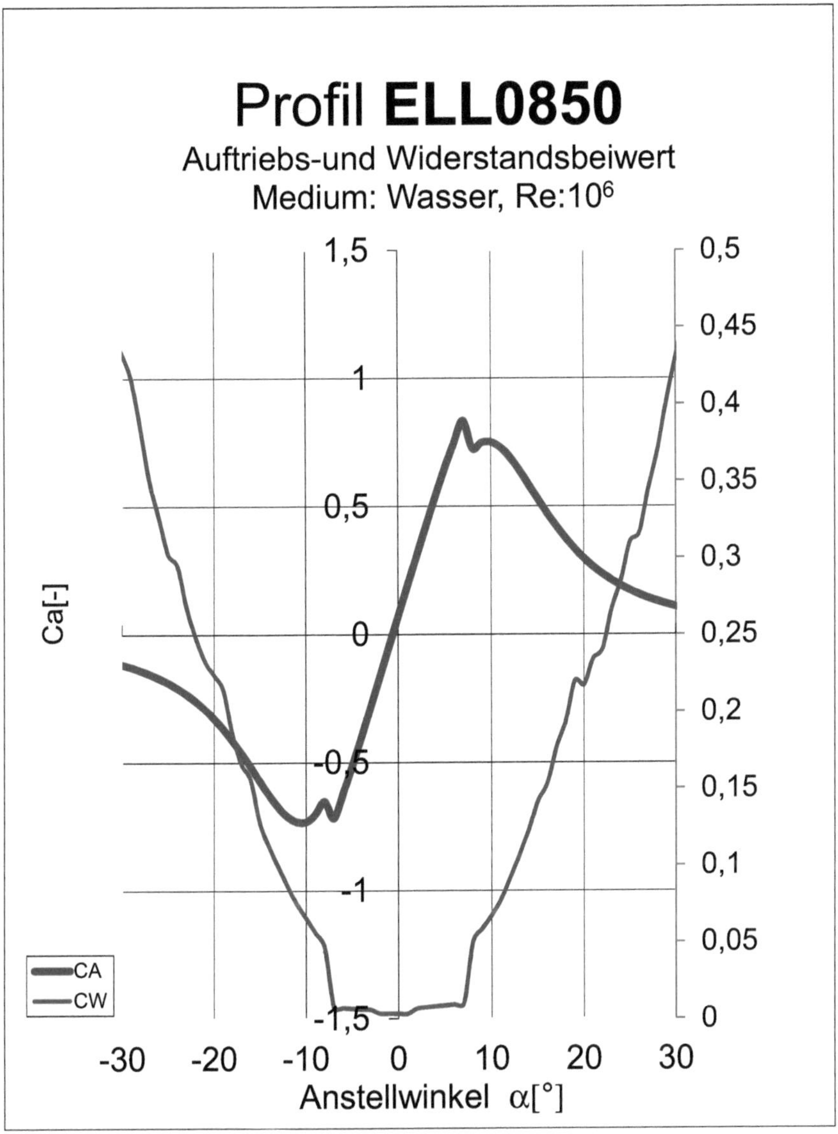
Profil ELL0850
Auftriebs-und Widerstandsbeiwert
Medium: Wasser, Re:10^6
1,5
1
0,5
0
-0,5
-1
-1,5
0,5
0,45
0,4
0,35
0,3
0,25
0,2
0,15
0,1
0,05
0
Ca[-]
CA
CW
-30
-20
-10
0
10
20
30
Anstellwinkel α[°]

Elliptische Profile als Ersatz für für Surfboardfinnen

ELL0650 Wasser RE 10E6

1.0000 0.0000
0.9960 0.0062
0.9850 0.0114
0.9686 0.0151
0.9475 0.0184
0.9220 0.0214
0.8924 0.0241
0.8590 0.0267
0.8222 0.0289
0.7822 0.0309
0.7395 0.0326
0.6945 0.0343
0.6477 0.0352
0.5994 0.0361
0.5501 0.0368
0.5003 0.0370
0.4506 0.0370
0.4013 0.0361
0.3531 0.0352
0.3062 0.0342
0.2612 0.0326
0.2185 0.0308
0.1785 0.0291
0.1417 0.0265
0.1083 0.0241
0.0787 0.0215
0.0532 0.0185
0.0321 0.0152
0.0158 0.0116
0.0039 0.0061
-0.0000 0.0003
0.0037 -0.0059
0.0145 -0.0115
0.0310 -0.0153
0.0521 -0.0186
0.0776 -0.0216
0.1072 -0.0244
0.1406 -0.0269
0.1775 -0.0291
0.2175 -0.0311
0.2602 -0.0327

0.3052	-0.0343
0.3522	-0.0352
0.4005	-0.0361
0.4498	-0.0371
0.4996	-0.0370
0.5494	-0.0370
0.5987	-0.0361
0.6471	-0.0352
0.6940	-0.0344
0.7390	-0.0329
0.7818	-0.0312
0.8218	-0.0292
0.8587	-0.0270
0.8921	-0.0245
0.9217	-0.0216
0.9472	-0.0187
0.9683	-0.0153
0.9848	-0.0116
0.9950	-0.0056
1.0000	0.0000

x/c	y/c	v/V	δ_1	δ_2	δ_3	Reδ_2	C_f	H_12	H_32	State	y1
[-]	[-]	[-]	[-]	[-]	[-]	[-]	[-]	[-]	[-]	[-]	[%]
1.0000	0.0000	0.5992	0.007145	0.001782	0.003636	106.8	0.0000	4.0102	2.0408	turb.	0.0000
0.9960	0.0062	1.0471	0.003515	0.001688	0.002784	190.4	0.0046	2.0824	1.6493	lam.	0.0208
0.9850	0.0114	1.1282	0.004433	0.001875	0.003003	205.4	0.0029	2.3639	1.6014	lam.	0.0261
0.9686	0.0151	1.0955	0.004607	0.001897	0.003021	206.5	0.0027	2.4288	1.5925	lam.	0.0274
0.9475	0.0184	1.0885	0.004699	0.001899	0.003013	205.9	0.0025	2.4745	1.5869	lam.	0.0282
0.9220	0.0214	1.0839	0.005010	0.001926	0.003027	207.3	0.0021	2.6008	1.5714	lam.	0.0308
0.8924	0.0241	1.0762	0.004622	0.001849	0.002928	199.8	0.0025	2.4998	1.5836	lam.	0.0283
0.8590	0.0267	1.0807	0.004777	0.001849	0.002909	198.8	0.0022	2.5836	1.5734	lam.	0.0299
0.8222	0.0289	1.0750	0.004651	0.001803	0.002837	193.8	0.0023	2.5802	1.5740	lam.	0.0294
0.7822	0.0309	1.0751	0.004906	0.001797	0.002802	192.2	0.0019	2.7299	1.5591	lam.	0.0325
0.7395	0.0326	1.0700	0.004024	0.001644	0.002615	178.1	0.0030	2.4472	1.5903	lam.	0.0257
0.6945	0.0343	1.0828	0.004518	0.001677	0.002621	179.3	0.0021	2.6939	1.5627	lam.	0.0306
0.6477	0.0352	1.0693	0.004306	0.001606	0.002511	172.1	0.0023	2.6820	1.5637	lam.	0.0297
0.5994	0.0361	1.0722	0.003874	0.001504	0.002367	162.1	0.0028	2.5764	1.5744	lam.	0.0268
0.5501	0.0368	1.0778	0.003884	0.001457	0.002280	156.5	0.0025	2.6661	1.5650	lam.	0.0280
0.5003	0.0370	1.0746	0.003212	0.001320	0.002101	143.2	0.0038	2.4334	1.5920	lam.	0.0229
0.4506	0.0370	1.0848	0.003469	0.001317	0.002065	140.9	0.0030	2.6347	1.5683	lam.	0.0260
0.4013	0.0361	1.0698	0.003345	0.001243	0.001942	133.0	0.0029	2.6918	1.5627	lam.	0.0263
0.3531	0.0352	1.0704	0.002811	0.001116	0.001764	120.4	0.0041	2.5190	1.5811	lam.	0.0222
0.3062	0.0342	1.0791	0.002725	0.001054	0.001658	113.1	0.0039	2.5853	1.5734	lam.	0.0226
0.2612	0.0326	1.0727	0.002817	0.000997	0.001546	106.5	0.0030	2.8267	1.5510	lam.	0.0259
0.2185	0.0308	1.0682	0.002027	0.000833	0.001325	90.6	0.0060	2.4348	1.5918	lam.	0.0182
0.1785	0.0291	1.0886	0.002180	0.000804	0.001254	85.8	0.0044	2.7127	1.5609	lam.	0.0214
0.1417	0.0265	1.0675	0.001840	0.000686	0.001073	73.9	0.0053	2.6828	1.5636	lam.	0.0195
0.1083	0.0241	1.0775	0.001489	0.000571	0.000897	62.1	0.0070	2.6092	1.5708	lam.	0.0169
0.0787	0.0215	1.0874	0.001227	0.000468	0.000734	51.0	0.0084	2.6220	1.5695	lam.	0.0155
0.0532	0.0185	1.0898	0.001044	0.000373	0.000579	40.7	0.0082	2.7995	1.5529	lam.	0.0156
0.0321	0.0152	1.0943	0.000497	0.000209	0.000334	23.7	0.0250	2.3790	1.5991	lam.	0.0090
0.0158	0.0116	1.1331	0.000205	0.000092	0.000148	7.7	0.0922	2.2359	1.6201	lam.	0.0047
0.0039	0.0061	0.9986	0.000143	0.000064	0.000104	1.8	0.0001	2.2364	1.6200	lam.	0.1414
-0.0000	0.0003	0.1081	0.000001	0.000000	0.000001	0.0	0.0000	2.2364	1.6200	lam.	0.0000
0.0037	-0.0059	0.8928	0.000151	0.000068	0.000110	1.8	0.0001	2.2364	1.6200	lam.	0.1414
0.0145	-0.0115	1.1035	0.000205	0.000092	0.000149	7.8	0.0920	2.2356	1.6201	lam.	0.0047
0.0310	-0.0153	1.0715	0.000434	0.000187	0.000301	20.7	0.0310	2.3168	1.6078	lam.	0.0080
0.0521	-0.0186	1.0677	0.000939	0.000344	0.000537	36.9	0.0101	2.7277	1.5591	lam.	0.0141
0.0776	-0.0216	1.0643	0.001191	0.000456	0.000715	48.6	0.0089	2.6138	1.5703	lam.	0.0150
0.1072	-0.0244	1.0662	0.001476	0.000564	0.000886	60.1	0.0071	2.6160	1.5701	lam.	0.0167
0.1406	-0.0269	1.0654	0.001712	0.000665	0.001046	70.9	0.0064	2.5762	1.5743	lam.	0.0177
0.1775	-0.0291	1.0626	0.001984	0.000764	0.001201	81.4	0.0054	2.5962	1.5721	lam.	0.0193

0.2175	-0.0311	1.0654	0.002258	0.000862	0.001352	91.6	0.0046	2.6208	1.5696	lam.	0.0208
0.2602	-0.0327	1.0585	0.002429	0.000947	0.001491	100.8	0.0045	2.5667	1.5755	lam.	0.0210
0.3052	-0.0343	1.0694	0.002836	0.001061	0.001660	112.3	0.0035	2.6739	1.5645	lam.	0.0239
0.3522	-0.0352	1.0576	0.002743	0.001100	0.001742	117.6	0.0043	2.4941	1.5843	lam.	0.0216
0.4005	-0.0361	1.0575	0.003399	0.001244	0.001939	131.5	0.0028	2.7331	1.5589	lam.	0.0269
0.4498	-0.0371	1.0771	0.003470	0.001313	0.002057	138.8	0.0030	2.6433	1.5675	lam.	0.0260
0.4996	-0.0370	1.0602	0.003090	0.001296	0.002072	139.7	0.0042	2.3836	1.5986	lam.	0.0218
0.5494	-0.0370	1.0736	0.004038	0.001469	0.002288	155.8	0.0023	2.7482	1.5574	lam.	0.0296
0.5987	-0.0361	1.0584	0.003602	0.001457	0.002313	156.5	0.0033	2.4713	1.5872	lam.	0.0245
0.6471	-0.0352	1.0561	0.004568	0.001627	0.002526	172.1	0.0019	2.8074	1.5525	lam.	0.0325
0.6940	-0.0344	1.0700	0.004648	0.001691	0.002634	178.6	0.0020	2.7492	1.5578	lam.	0.0317
0.7390	-0.0329	1.0629	0.004072	0.001652	0.002624	176.8	0.0030	2.4645	1.5881	lam.	0.0259
0.7818	-0.0312	1.0645	0.004626	0.001762	0.002765	187.3	0.0023	2.6247	1.5690	lam.	0.0298
0.8218	-0.0292	1.0632	0.004647	0.001800	0.002832	191.6	0.0023	2.5818	1.5737	lam.	0.0293
0.8587	-0.0270	1.0662	0.004834	0.001853	0.002912	197.1	0.0022	2.6081	1.5709	lam.	0.0302
0.8921	-0.0245	1.0691	0.004774	0.001872	0.002954	199.6	0.0023	2.5500	1.5775	lam.	0.0292
0.9217	-0.0216	1.0596	0.004747	0.001888	0.002986	201.9	0.0024	2.5141	1.5818	lam.	0.0287
0.9472	-0.0187	1.0749	0.005440	0.001999	0.003118	211.8	0.0017	2.7212	1.5597	lam.	0.0339
0.9683	-0.0153	1.0668	0.004577	0.001896	0.003025	204.0	0.0028	2.4138	1.5951	lam.	0.0269
0.9848	-0.0116	1.1334	0.005103	0.001989	0.003132	212.0	0.0022	2.5656	1.5748	lam.	0.0305
0.9950	-0.0056	0.8969	0.006799	0.002575	0.003557	231.0	0.0000	2.6399	1.3812	lam.	0.0000
1.0000	0.0000	0.5992	0.006799	0.002575	0.003557	154.3	0.0000	2.6399	1.3812	sep.	0.0000

α	Cl	Cd	Cm 0.25	T.U.	T.L.	S.U.	S.L.	L/D	A.C.	C.P.
[°]	[-]	[-]	[-]	[-]	[-]	[-]	[-]	[-]	[-]	[-]
-49.0	-0.022	0.82475	0.026	0.501	0.004	0.502	0.039	-0.026	0.229	1.420
-48.0	-0.023	0.80937	0.025	0.501	0.004	0.502	0.038	-0.028	0.221	1.365
-47.0	-0.024	0.79848	0.025	0.502	0.004	0.503	0.037	-0.030	0.153	1.310
-46.0	-0.025	0.75886	0.025	0.502	0.004	0.503	0.036	-0.033	0.122	1.250
-45.0	-0.027	0.75255	0.025	0.501	0.004	0.502	0.035	-0.035	0.102	1.193
-44.0	-0.028	0.72295	0.025	0.500	0.004	0.500	0.034	-0.039	1.182	1.134
-43.0	-0.030	0.79200	0.028	1.000	0.003	1.000	0.031	-0.038	1.120	1.192
-42.0	-0.032	0.77250	0.028	1.000	0.003	1.000	0.031	-0.041	0.129	1.132
-41.0	-0.033	0.69829	0.028	1.000	0.004	1.000	0.031	-0.048	0.123	1.073
-40.0	-0.036	0.68470	0.027	1.000	0.004	1.000	0.030	-0.052	0.104	1.016
-39.0	-0.038	0.63307	0.027	1.000	0.004	1.000	0.030	-0.060	0.095	0.958
-38.0	-0.041	0.61203	0.027	1.000	0.004	1.000	0.029	-0.066	0.111	0.903
-37.0	-0.044	0.60616	0.026	1.000	0.004	1.000	0.029	-0.072	0.116	0.850
-36.0	-0.047	0.55758	0.026	1.000	0.003	1.000	0.028	-0.084	0.119	0.799
-35.0	-0.050	0.52913	0.025	1.000	0.003	1.000	0.028	-0.095	0.137	0.751
-34.0	-0.054	0.51904	0.025	1.000	0.003	1.000	0.028	-0.105	0.141	0.707
-33.0	-0.059	0.47886	0.024	1.000	0.003	1.000	0.027	-0.123	0.146	0.663
-32.0	-0.064	0.46386	0.024	1.000	0.003	1.000	0.027	-0.138	0.152	0.623
-31.0	-0.070	0.43086	0.023	1.000	0.003	1.000	0.027	-0.162	0.153	0.584
-30.0	-0.076	0.40454	0.023	1.000	0.003	1.000	0.027	-0.188	0.158	0.548
-29.0	-0.083	0.39444	0.022	1.000	0.002	1.000	0.026	-0.211	0.165	0.514
-28.0	-0.092	0.36761	0.021	1.000	0.002	1.000	0.026	-0.249	0.178	0.483
-27.0	-0.101	0.33267	0.021	1.000	0.003	1.000	0.026	-0.304	0.182	0.454
-26.0	-0.112	0.33097	0.020	1.000	0.002	1.000	0.025	-0.339	0.182	0.428
-25.0	-0.125	0.30145	0.019	1.000	0.002	1.000	0.024	-0.413	0.190	0.403
-24.0	-0.139	0.29049	0.018	1.000	0.002	1.000	0.023	-0.479	0.202	0.382
-23.0	-0.156	0.25570	0.018	1.000	0.003	1.000	0.023	-0.610	0.203	0.363
-22.0	-0.175	0.25105	0.017	1.000	0.002	1.000	0.021	-0.698	0.206	0.345
-21.0	-0.198	0.22240	0.016	1.000	0.002	1.000	0.021	-0.890	0.214	0.330
-20.0	-0.224	0.20848	0.015	1.000	0.002	1.000	0.020	-1.075	0.211	0.316
-19.0	-0.255	0.19598	0.014	1.000	0.002	1.000	0.016	-1.299	0.215	0.303
-18.0	-0.290	0.20686	0.013	1.000	0.001	1.000	0.015	-1.402	0.224	0.293
-17.0	-0.330	0.17706	0.012	1.000	0.001	1.000	0.014	-1.867	0.228	0.285
-16.0	-0.376	0.16102	0.011	1.000	0.001	1.000	0.013	-2.338	0.230	0.278
-15.0	-0.427	0.14394	0.010	1.000	0.001	1.000	0.011	-2.969	0.233	0.273
-14.0	-0.482	0.12607	0.009	1.000	0.001	1.000	0.011	-3.823	0.234	0.268
-13.0	-0.537	0.11077	0.008	1.000	0.001	1.000	0.010	-4.851	0.238	0.265

-12.0	-0.590	0.09062	0.007	1.000	0.002	1.000	0.013	-6.508	0.238	0.263
-11.0	-0.632	0.08014	0.007	1.000	0.002	1.000	0.014	-7.888	0.229	0.261
-10.0	-0.658	0.06978	0.006	1.000	0.002	1.000	0.016	-9.430	0.193	0.259
-9.0	-0.661	0.05878	0.005	1.000	0.004	1.000	0.014	-11.240	0.329	0.258
-8.0	-0.639	0.05085	0.005	1.000	0.005	1.000	0.021	-12.560	0.267	0.257
-7.0	-0.587	0.04392	0.004	0.995	0.006	1.000	0.028	-13.354	-2.710	0.256
-6.0	-0.638	0.00795	0.006	0.995	0.007	1.000	0.996	-80.317	0.254	0.259
-5.0	-0.538	0.00747	0.004	0.995	0.009	1.000	0.996	-72.046	0.270	0.257
-4.0	-0.431	0.00692	0.002	0.995	0.013	1.000	0.996	-62.221	0.269	0.253
-3.0	-0.318	0.00649	-0.001	0.994	0.021	1.000	0.996	-49.059	0.268	0.248
-2.0	-0.203	0.00620	-0.003	0.994	0.025	1.000	0.997	-32.704	0.268	0.237
-1.0	-0.086	0.00334	-0.005	0.993	0.988	1.000	0.989	-25.808	0.268	0.194
0.0	0.031	0.00330	-0.007	0.993	0.988	1.000	0.990	9.258	0.268	0.476
1.0	0.147	0.00291	-0.009	0.992	0.988	1.000	0.990	50.732	0.268	0.311
2.0	0.264	0.00767	-0.011	0.025	0.988	1.000	0.990	34.393	0.268	0.292
3.0	0.378	0.00778	-0.013	0.015	0.988	1.000	0.990	48.634	0.268	0.285
4.0	0.489	0.00835	-0.015	0.010	0.988	1.000	0.990	58.593	0.269	0.281
5.0	0.594	0.00898	-0.017	0.008	0.988	1.000	0.990	66.166	0.270	0.279
6.0	0.691	0.00935	-0.019	0.007	0.989	1.000	0.990	73.894	-0.092	0.278
7.0	0.617	0.04509	-0.010	0.005	0.989	0.019	0.990	13.678	0.483	0.266
8.0	0.650	0.05196	-0.010	0.004	0.989	0.014	0.990	12.512	0.282	0.265
9.0	0.659	0.06037	-0.011	0.002	0.989	0.015	0.990	10.916	0.025	0.267
10.0	0.643	0.07169	-0.012	0.001	0.989	0.014	0.990	8.965	0.234	0.268
11.0	0.607	0.08363	-0.012	0.001	0.989	0.011	0.990	7.256	0.238	0.270
12.0	0.559	0.09766	-0.013	0.001	0.990	0.011	0.991	5.719	0.235	0.272
13.0	0.504	0.10987	-0.013	0.001	0.990	0.011	0.991	4.590	0.235	0.277
14.0	0.449	0.12630	-0.014	0.001	0.990	0.011	0.991	3.556	0.232	0.282
15.0	0.397	0.13817	-0.015	0.002	0.989	0.013	0.990	2.871	0.230	0.289
16.0	0.349	0.16259	-0.016	0.001	0.989	0.013	0.990	2.144	0.229	0.296
17.0	0.306	0.18213	-0.017	0.002	0.989	0.014	0.990	1.680	0.225	0.306
18.0	0.269	0.19580	-0.018	0.003	0.990	0.016	0.992	1.371	0.215	0.318
19.0	0.236	0.18814	-0.020	0.003	0.990	0.019	0.992	1.256	0.210	0.333
20.0	0.208	0.19770	-0.021	0.003	0.990	0.020	0.991	1.053	0.213	0.349
21.0	0.184	0.22355	-0.022	0.002	0.990	0.021	0.991	0.824	0.209	0.367
22.0	0.164	0.24154	-0.022	0.002	0.990	0.023	0.991	0.677	0.205	0.387
23.0	0.146	0.25821	-0.023	0.002	0.990	0.023	0.991	0.564	0.191	0.410
24.0	0.130	0.27343	-0.024	0.003	0.989	0.026	0.990	0.477	0.186	0.437
25.0	0.117	0.28792	-0.025	0.003	0.989	0.026	0.990	0.407	0.192	0.465
26.0	0.106	0.30922	-0.026	0.003	0.989	0.027	0.990	0.341	0.187	0.495
27.0	0.095	0.32345	-0.026	0.003	0.989	0.027	0.990	0.295	0.184	0.528
28.0	0.087	0.35442	-0.027	0.002	0.989	0.027	0.990	0.244	0.176	0.563
29.0	0.079	0.37732	-0.028	0.003	0.990	0.028	0.992	0.209	0.163	0.601
30.0	0.072	0.40081	-0.028	0.003	0.990	0.029	0.992	0.180	0.156	0.643
31.0	0.066	0.42599	-0.029	0.003	0.990	0.029	0.992	0.155	0.165	0.687
32.0	0.061	0.43415	-0.029	0.003	0.990	0.029	0.992	0.140	0.169	0.732
33.0	0.056	0.47240	-0.030	0.003	0.989	0.029	0.991	0.119	0.158	0.780
34.0	0.052	0.50798	-0.030	0.003	0.989	0.030	0.991	0.102	0.154	0.831
35.0	0.048	0.52359	-0.030	0.003	0.989	0.030	0.991	0.092	0.153	0.883
36.0	0.045	0.53498	-0.031	0.004	0.989	0.030	0.991	0.084	0.152	0.939
37.0	0.042	0.55814	-0.031	0.004	0.989	0.030	0.991	0.075	0.153	0.995
38.0	0.039	0.60782	-0.031	0.004	0.989	0.030	0.991	0.064	0.157	1.055
39.0	0.037	0.62499	-0.032	0.004	0.989	0.030	0.991	0.058	0.178	1.115
40.0	0.034	0.64421	-0.032	0.004	0.989	0.030	0.991	0.053	0.170	1.176
41.0	0.032	0.67716	-0.032	0.004	0.989	0.031	0.991	0.048	0.160	1.240
42.0	0.030	0.69769	-0.032	0.004	0.989	0.031	0.991	0.044	0.172	1.305
43.0	0.029	0.71933	-0.032	0.004	0.989	0.031	0.991	0.040	0.162	1.372
44.0	0.027	0.77249	-0.032	0.004	0.990	0.032	0.992	0.035	0.180	1.441
45.0	0.026	0.79644	-0.032	0.004	0.990	0.032	0.992	0.032	0.210	1.508
46.0	0.024	0.79179	-0.032	0.004	0.989	0.033	0.991	0.031	1.621	1.577
47.0	0.023	0.82585	-0.029	0.004	0.550	0.035	0.551	0.028	1.768	1.496
48.0	0.022	0.82765	-0.029	0.004	0.551	0.035	0.552	0.027	0.220	1.557
49.0	0.021	0.86930	-0.029	0.004	0.551	0.037	0.552	0.024	0.264	1.622
50.0	0.020	0.87897	-0.029	0.004	0.551	0.037	0.552	0.023	0.345	1.681

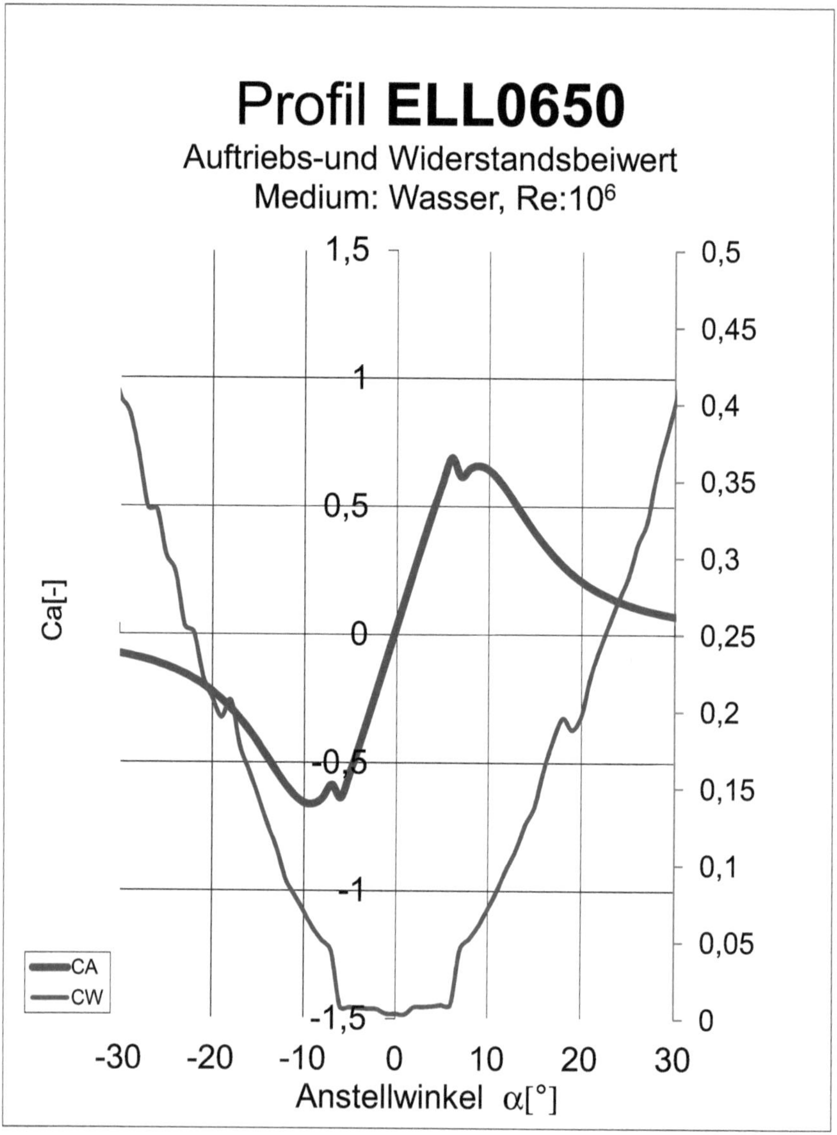
Profil ELL0650
Auftriebs-und Widerstandsbeiwert
Medium: Wasser, Re:10^6
Ca[-]
1,5
1
0,5
0
-0,5
-1
-1,5
0,5
0,45
0,4
0,35
0,3
0,25
0,2
0,15
0,1
0,05
0
-30
-20
-10
0
10
20
30
Anstellwinkel α[°]
CA
CW

Elliptische Profile als Ersatz für für Surfboardfinnen

ELL0750 Wasser RE 10E6

1.0000 0.0000
0.9963 0.0064
0.9855 0.0121
0.9692 0.0163
0.9481 0.0201
0.9226 0.0235
0.8930 0.0266
0.8596 0.0295
0.8226 0.0321
0.7826 0.0343
0.7398 0.0362
0.6947 0.0378
0.6477 0.0395
0.5993 0.0403
0.5499 0.0404
0.5000 0.0404
0.4501 0.0404
0.4007 0.0404
0.3523 0.0395
0.3053 0.0378
0.2602 0.0361
0.2174 0.0343
0.1773 0.0322
0.1404 0.0295
0.1069 0.0267
0.0773 0.0235
0.0518 0.0201
0.0308 0.0163
0.0144 0.0121
0.0037 0.0062
-0.0000 -0.0002
0.0037 -0.0066
0.0144 -0.0123
0.0307 -0.0167
0.0518 -0.0204
0.0773 -0.0238
0.1069 -0.0270
0.1404 -0.0299
0.1773 -0.0323
0.2174 -0.0346
0.2602 -0.0367
0.3053 -0.0383
0.3523 -0.0395
0.4007 -0.0404
0.4501 -0.0412
0.5000 -0.0412
0.5499 -0.0412
0.5993 -0.0404
0.6477 -0.0395

0.6947	-0.0384
0.7398	-0.0367
0.7826	-0.0345
0.8227	-0.0322
0.8596	-0.0298
0.8931	-0.0269
0.9227	-0.0237
0.9482	-0.0202
0.9692	-0.0165
0.9855	-0.0121
0.9962	-0.0064
1.0000	0.0000

x/c	y/c	v/V	δ_1	δ_2	δ_3	Reδ_2	C_f	H_12	H_32	State	y1
[-]	[-]	[-]	[-]	[-]	[-]	[-]	[-]	[-]	[-]	[-]	[%]
1.0000	0.0000	0.6190	0.006787	0.001943	0.003577	120.3	0.0000	3.4922	1.8403	sep.	0.0000
0.9963	0.0064	0.9899	0.006787	0.001943	0.003577	192.4	0.0000	3.4922	1.8403	lam.	0.0000
0.9855	0.0121	1.1016	0.004995	0.001966	0.003102	212.9	0.0022	2.5412	1.5782	lam.	0.0300
0.9692	0.0163	1.0830	0.004785	0.001921	0.003045	208.5	0.0024	2.4906	1.5847	lam.	0.0287
0.9481	0.0201	1.0851	0.004900	0.001923	0.003035	207.9	0.0023	2.5475	1.5778	lam.	0.0298
0.9226	0.0235	1.0810	0.005010	0.001920	0.003015	206.8	0.0021	2.6098	1.5706	lam.	0.0310
0.8930	0.0266	1.0776	0.004799	0.001868	0.002942	201.6	0.0023	2.5692	1.5751	lam.	0.0298
0.8596	0.0295	1.0795	0.004612	0.001816	0.002867	196.2	0.0024	2.5398	1.5787	lam.	0.0288
0.8226	0.0321	1.0803	0.004625	0.001790	0.002817	192.9	0.0023	2.5833	1.5735	lam.	0.0294
0.7826	0.0343	1.0775	0.004580	0.001752	0.002751	188.6	0.0023	2.6142	1.5705	lam.	0.0297
0.7398	0.0362	1.0762	0.004946	0.001748	0.002710	187.2	0.0017	2.8300	1.5506	lam.	0.0344
0.6947	0.0378	1.0708	0.003866	0.001574	0.002500	171.3	0.0031	2.4568	1.5888	lam.	0.0254
0.6477	0.0395	1.0883	0.003701	0.001520	0.002420	164.8	0.0033	2.4347	1.5918	lam.	0.0245
0.5993	0.0403	1.0843	0.003966	0.001524	0.002395	163.4	0.0027	2.6025	1.5716	lam.	0.0274
0.5499	0.0404	1.0718	0.004077	0.001484	0.002311	158.5	0.0022	2.7483	1.5579	lam.	0.0299
0.5000	0.0404	1.0685	0.004087	0.001419	0.002195	151.9	0.0019	2.8802	1.5470	lam.	0.0322
0.4501	0.0404	1.0706	0.003153	0.001249	0.001973	135.8	0.0036	2.5252	1.5802	lam.	0.0237
0.4007	0.0404	1.0878	0.002831	0.001161	0.001848	126.3	0.0043	2.4376	1.5914	lam.	0.0215
0.3523	0.0395	1.0871	0.002977	0.001139	0.001789	122.1	0.0035	2.6139	1.5704	lam.	0.0239
0.3053	0.0378	1.0720	0.002823	0.001056	0.001652	113.2	0.0035	2.6736	1.5646	lam.	0.0239
0.2602	0.0361	1.0722	0.002557	0.000959	0.001501	103.3	0.0039	2.6673	1.5651	lam.	0.0228
0.2174	0.0343	1.0772	0.002105	0.000835	0.001321	90.6	0.0054	2.5197	1.5811	lam.	0.0193
0.1773	0.0322	1.0850	0.002055	0.000772	0.001209	83.0	0.0048	2.6607	1.5657	lam.	0.0203
0.1404	0.0295	1.0757	0.001674	0.000653	0.001028	70.7	0.0065	2.5646	1.5757	lam.	0.0176
0.1069	0.0267	1.0830	0.001497	0.000567	0.000889	61.2	0.0068	2.6394	1.5678	lam.	0.0172
0.0773	0.0235	1.0790	0.001164	0.000453	0.000714	49.2	0.0093	2.5696	1.5751	lam.	0.0147
0.0518	0.0201	1.0858	0.000941	0.000345	0.000538	37.3	0.0099	2.7281	1.5591	lam.	0.0142
0.0308	0.0163	1.0816	0.000437	0.000188	0.000302	21.0	0.0304	2.3234	1.6069	lam.	0.0081
0.0144	0.0121	1.1136	0.000205	0.000092	0.000149	7.2	0.0998	2.2352	1.6202	lam.	0.0045
0.0037	0.0062	0.9100	0.000183	0.000082	0.000133	1.5	0.0001	2.2364	1.6200	lam.	0.1414
-0.0000	-0.0002	0.0038	0.000001	0.000000	0.000001	0.0	0.0000	2.2364	1.6200	lam.	0.0000
0.0037	-0.0066	0.9249	0.000182	0.000081	0.000132	1.5	0.0001	2.2364	1.6200	lam.	0.1414
0.0144	-0.0123	1.0961	0.000205	0.000092	0.000149	7.2	0.0994	2.2353	1.6202	lam.	0.0045
0.0307	-0.0167	1.0947	0.000459	0.000196	0.000314	21.5	0.0289	2.3419	1.6043	lam.	0.0083
0.0518	-0.0204	1.0826	0.000878	0.000338	0.000532	37.0	0.0120	2.5958	1.5721	lam.	0.0129
0.0773	-0.0238	1.0788	0.001206	0.000453	0.000710	49.1	0.0083	2.6599	1.5658	lam.	0.0156
0.1069	-0.0270	1.0811	0.001467	0.000560	0.000880	60.4	0.0071	2.6191	1.5698	lam.	0.0168
0.1404	-0.0299	1.0836	0.001697	0.000659	0.001038	71.3	0.0063	2.5743	1.5746	lam.	0.0178
0.1773	-0.0323	1.0741	0.001930	0.000752	0.001184	81.5	0.0056	2.5672	1.5754	lam.	0.0189
0.2174	-0.0346	1.0756	0.002333	0.000867	0.001355	93.1	0.0041	2.6901	1.5629	lam.	0.0220
0.2602	-0.0367	1.0812	0.002457	0.000948	0.001491	102.0	0.0043	2.5916	1.5726	lam.	0.0215
0.3053	-0.0383	1.0791	0.002585	0.001021	0.001613	110.4	0.0043	2.5318	1.5796	lam.	0.0215
0.3523	-0.0395	1.0766	0.002896	0.001116	0.001754	120.4	0.0036	2.5955	1.5721	lam.	0.0234
0.4007	-0.0404	1.0738	0.003183	0.001211	0.001901	130.4	0.0032	2.6275	1.5690	lam.	0.0249
0.4501	-0.0412	1.0847	0.003440	0.001301	0.002039	139.7	0.0029	2.6445	1.5673	lam.	0.0261
0.5000	-0.0412	1.0732	0.003277	0.001323	0.002099	143.6	0.0036	2.4767	1.5864	lam.	0.0236
0.5499	-0.0412	1.0847	0.003963	0.001461	0.002279	156.7	0.0024	2.7131	1.5607	lam.	0.0290
0.5993	-0.0404	1.0739	0.003629	0.001461	0.002316	158.5	0.0032	2.4842	1.5856	lam.	0.0249

0.6477	-0.0395	1.0755	0.004355	0.001601	0.002498	171.9	0.0022	2.7196	1.5601	lam.	0.0305
0.6947	-0.0384	1.0831	0.004323	0.001645	0.002581	176.9	0.0024	2.6280	1.5691	lam.	0.0290
0.7398	-0.0367	1.0816	0.004133	0.001653	0.002617	179.0	0.0028	2.5005	1.5835	lam.	0.0268
0.7826	-0.0345	1.0734	0.004415	0.001725	0.002720	186.6	0.0025	2.5587	1.5763	lam.	0.0284
0.8227	-0.0322	1.0736	0.005006	0.001834	0.002859	196.8	0.0019	2.7295	1.5592	lam.	0.0328
0.8596	-0.0298	1.0833	0.005013	0.001871	0.002926	200.9	0.0019	2.6795	1.5641	lam.	0.0321
0.8931	-0.0269	1.0811	0.004566	0.001837	0.002912	199.0	0.0026	2.4861	1.5854	lam.	0.0279
0.9227	-0.0237	1.0812	0.004813	0.001892	0.002986	204.6	0.0023	2.5432	1.5780	lam.	0.0295
0.9482	-0.0202	1.0791	0.004917	0.001926	0.003038	208.3	0.0022	2.5525	1.5771	lam.	0.0299
0.9692	-0.0165	1.0925	0.005125	0.001972	0.003099	212.8	0.0021	2.5987	1.5717	lam.	0.0312
0.9855	-0.0121	1.0914	0.004522	0.001891	0.003023	206.8	0.0028	2.3906	1.5982	lam.	0.0267
0.9962	-0.0064	0.9825	0.006938	0.001932	0.003619	189.8	0.0000	3.5919	1.8736	lam.	0.0000
1.0000	0.0000	0.6190	0.006938	0.001932	0.003619	119.6	0.0000	3.5919	1.8736	sep.	0.0000

α	Cl	Cd	Cm 0.25	T.U.	T.L.	S.U.	S.L.	L/D	A.C.	C.P.
[°]	[-]	[-]	[-]	[-]	[-]	[-]	[-]	[-]	[-]	[-]
-49.0	-0.028	0.85798	0.030	0.501	0.004	0.502	0.037	-0.032	0.247	1.332
-48.0	-0.029	0.84285	0.030	0.501	0.004	0.502	0.036	-0.034	0.240	1.282
-47.0	-0.030	0.82155	0.030	0.502	0.004	0.503	0.035	-0.037	0.215	1.233
-46.0	-0.032	0.81009	0.030	0.502	0.004	0.503	0.034	-0.039	0.136	1.182
-45.0	-0.034	0.76837	0.029	0.500	0.004	0.500	0.033	-0.044	0.124	1.127
-44.0	-0.035	0.76299	0.029	0.500	0.004	0.500	0.032	-0.046	1.238	1.077
-43.0	-0.037	0.74595	0.033	1.000	0.004	1.000	0.031	-0.050	1.145	1.138
-42.0	-0.040	0.72799	0.033	1.000	0.004	1.000	0.030	-0.054	0.160	1.084
-41.0	-0.042	0.71082	0.033	1.000	0.004	1.000	0.030	-0.059	0.136	1.031
-40.0	-0.045	0.65256	0.032	1.000	0.004	1.000	0.029	-0.069	0.147	0.976
-39.0	-0.048	0.63277	0.032	1.000	0.004	1.000	0.029	-0.075	0.171	0.927
-38.0	-0.051	0.60401	0.032	1.000	0.003	1.000	0.029	-0.084	0.155	0.879
-37.0	-0.054	0.61079	0.032	1.000	0.003	1.000	0.029	-0.089	0.154	0.830
-36.0	-0.058	0.58880	0.031	1.000	0.003	1.000	0.029	-0.099	0.164	0.785
-35.0	-0.063	0.52034	0.031	1.000	0.003	1.000	0.029	-0.121	0.165	0.741
-34.0	-0.068	0.49527	0.030	1.000	0.003	1.000	0.029	-0.137	0.167	0.699
-33.0	-0.073	0.48255	0.030	1.000	0.003	1.000	0.029	-0.152	0.156	0.659
-32.0	-0.079	0.47152	0.029	0.996	0.002	1.000	0.028	-0.169	0.155	0.620
-31.0	-0.086	0.43997	0.029	1.000	0.002	1.000	0.028	-0.196	0.167	0.583
-30.0	-0.094	0.41152	0.028	1.000	0.002	1.000	0.027	-0.229	0.181	0.549
-29.0	-0.103	0.38017	0.028	0.996	0.003	1.000	0.028	-0.271	0.183	0.518
-28.0	-0.113	0.35278	0.027	0.996	0.003	1.000	0.027	-0.321	0.184	0.488
-27.0	-0.125	0.33569	0.026	0.996	0.003	1.000	0.027	-0.371	0.192	0.460
-26.0	-0.138	0.31675	0.025	0.994	0.003	1.000	0.027	-0.435	0.191	0.435
-25.0	-0.153	0.29783	0.025	0.996	0.003	1.000	0.026	-0.512	0.194	0.411
-24.0	-0.170	0.27484	0.024	0.996	0.003	1.000	0.025	-0.618	0.199	0.389
-23.0	-0.189	0.25131	0.023	0.995	0.003	1.000	0.024	-0.754	0.200	0.370
-22.0	-0.212	0.24986	0.022	0.995	0.002	1.000	0.022	-0.849	0.207	0.352
-21.0	-0.238	0.21762	0.021	0.995	0.002	1.000	0.021	-1.095	0.214	0.336
-20.0	-0.268	0.19892	0.020	0.995	0.002	1.000	0.020	-1.349	0.207	0.323
-19.0	-0.303	0.19390	0.018	0.995	0.002	1.000	0.015	-1.561	0.215	0.309
-18.0	-0.342	0.16987	0.017	0.995	0.002	1.000	0.015	-2.014	0.224	0.300
-17.0	-0.386	0.17982	0.016	0.993	0.001	1.000	0.013	-2.149	0.224	0.290
-16.0	-0.436	0.16190	0.014	0.993	0.001	1.000	0.012	-2.690	0.228	0.283
-15.0	-0.489	0.14398	0.013	0.994	0.001	1.000	0.011	-3.395	0.232	0.277
-14.0	-0.544	0.12267	0.013	0.993	0.001	1.000	0.010	-4.436	0.238	0.273
-13.0	-0.599	0.10228	0.012	0.994	0.002	1.000	0.012	-5.854	0.239	0.270
-12.0	-0.647	0.08884	0.011	0.992	0.003	0.996	0.013	-7.287	0.232	0.268
-11.0	-0.684	0.07848	0.011	0.994	0.003	1.000	0.013	-8.718	0.213	0.265
-10.0	-0.703	0.06779	0.009	0.993	0.004	1.000	0.012	-10.367	0.122	0.263
-9.0	-0.699	0.05861	0.009	0.993	0.005	1.000	0.013	-11.932	0.298	0.262
-8.0	-0.671	0.05077	0.008	0.993	0.006	1.000	0.014	-13.220	0.255	0.262
-7.0	-0.614	0.04341	0.008	0.993	0.006	1.000	0.034	-14.144	8.203	0.263
-6.0	-0.672	0.00925	0.014	0.992	0.007	1.000	0.998	-72.644	0.169	0.271
-5.0	-0.572	0.00853	0.012	0.992	0.008	0.996	0.998	-67.097	0.272	0.270

-4.0	-0.465	0.00796	0.009	0.992	0.011	0.996	0.998	-58.358	0.271	0.270
-3.0	-0.352	0.00743	0.007	0.992	0.023	0.995	0.998	-47.373	0.270	0.270
-2.0	-0.235	0.00302	0.005	0.991	0.987	0.996	0.992	-78.067	0.270	0.270
-1.0	-0.118	0.00299	0.002	0.991	0.988	0.995	0.992	-39.563	0.270	0.270
0.0	-0.000	0.00297	0.000	0.990	0.988	0.994	0.992	-0.129	0.270	0.250
1.0	0.117	0.00299	-0.002	0.990	0.988	0.994	0.993	39.242	0.270	0.270
2.0	0.235	0.00704	-0.005	0.026	0.989	1.000	0.994	33.386	0.270	0.270
3.0	0.351	0.00746	-0.007	0.020	0.989	1.000	0.993	47.106	0.270	0.270
4.0	0.465	0.00795	-0.009	0.016	0.990	1.000	0.994	58.428	0.271	0.270
5.0	0.573	0.00860	-0.012	0.010	0.990	1.000	0.994	66.608	0.272	0.270
6.0	0.673	0.00924	-0.014	0.008	0.990	1.000	0.994	72.837	0.184	0.270
7.0	0.617	0.04282	-0.009	0.006	0.991	0.044	0.994	14.417	-7.911	0.264
8.0	0.674	0.05045	-0.009	0.005	0.991	0.026	0.995	13.358	0.255	0.263
9.0	0.701	0.05825	-0.009	0.005	0.991	0.016	0.995	12.032	0.282	0.263
10.0	0.705	0.06783	-0.010	0.003	0.991	0.015	0.995	10.390	0.118	0.264
11.0	0.686	0.07790	-0.011	0.003	0.991	0.016	0.996	8.810	0.219	0.266
12.0	0.649	0.08887	-0.012	0.002	0.992	0.014	0.996	7.308	0.236	0.268
13.0	0.601	0.10740	-0.012	0.001	0.992	0.012	0.996	5.593	0.238	0.270
14.0	0.546	0.11695	-0.013	0.002	0.992	0.012	0.996	4.671	0.238	0.273
15.0	0.491	0.14285	-0.013	0.001	0.992	0.011	0.996	3.434	0.236	0.277
16.0	0.437	0.15826	-0.014	0.001	0.992	0.011	0.996	2.762	0.230	0.283
17.0	0.388	0.18214	-0.016	0.001	0.993	0.013	0.996	2.129	0.225	0.290
18.0	0.343	0.19341	-0.017	0.002	0.993	0.015	0.996	1.775	0.226	0.299
19.0	0.304	0.22196	-0.018	0.002	0.993	0.015	0.997	1.368	0.217	0.308
20.0	0.269	0.20548	-0.019	0.002	0.993	0.018	0.996	1.310	0.209	0.321
21.0	0.239	0.22546	-0.020	0.002	0.993	0.020	0.996	1.060	0.214	0.335
22.0	0.213	0.25661	-0.021	0.002	0.994	0.021	0.996	0.829	0.212	0.350
23.0	0.190	0.26577	-0.022	0.002	0.994	0.021	0.996	0.715	0.202	0.366
24.0	0.170	0.28376	-0.023	0.003	0.994	0.023	0.996	0.600	0.196	0.386
25.0	0.153	0.29906	-0.024	0.003	0.994	0.024	0.996	0.512	0.199	0.408
26.0	0.138	0.31627	-0.025	0.003	0.994	0.025	0.996	0.436	0.192	0.430
27.0	0.125	0.34496	-0.026	0.003	0.994	0.026	0.996	0.362	0.188	0.456
28.0	0.113	0.36948	-0.026	0.003	0.994	0.026	0.996	0.307	0.188	0.483
29.0	0.103	0.39044	-0.027	0.003	0.995	0.026	0.997	0.265	0.181	0.512
30.0	0.094	0.40489	-0.028	0.003	0.995	0.026	0.997	0.233	0.178	0.543
31.0	0.087	0.46227	-0.028	0.002	0.995	0.026	0.997	0.187	0.177	0.576
32.0	0.080	0.46460	-0.029	0.002	0.996	0.026	0.997	0.171	0.165	0.611
33.0	0.073	0.49075	-0.029	0.003	0.996	0.027	0.997	0.150	0.166	0.650
34.0	0.068	0.51507	-0.030	0.003	0.996	0.027	0.997	0.132	0.168	0.688
35.0	0.063	0.55709	-0.030	0.003	0.996	0.027	0.996	0.113	0.160	0.730
36.0	0.059	0.57219	-0.031	0.003	0.997	0.027	0.997	0.102	0.142	0.773
37.0	0.055	0.60011	-0.031	0.003	0.997	0.028	0.997	0.091	0.131	0.821
38.0	0.051	0.62021	-0.032	0.003	0.997	0.029	0.997	0.082	0.137	0.868
39.0	0.048	0.67183	-0.032	0.003	0.997	0.029	0.997	0.071	0.135	0.919
40.0	0.045	0.68461	-0.032	0.004	0.997	0.030	0.997	0.065	0.153	0.969
41.0	0.042	0.70795	-0.032	0.004	0.997	0.030	0.997	0.060	0.144	1.020
42.0	0.040	0.77322	-0.033	0.004	0.997	0.031	0.997	0.051	0.149	1.075
43.0	0.038	0.78985	-0.033	0.004	0.997	0.031	0.997	0.047	1.198	1.128
44.0	0.035	0.80430	-0.029	0.003	0.500	0.031	0.500	0.044	1.263	1.060
45.0	0.034	0.78202	-0.029	0.003	0.500	0.033	0.500	0.043	0.077	1.113
46.0	0.032	0.81823	-0.029	0.003	0.502	0.035	0.503	0.039	0.127	1.169
47.0	0.030	0.82254	-0.029	0.003	0.502	0.035	0.503	0.037	0.225	1.218
48.0	0.029	0.83324	-0.029	0.003	0.501	0.036	0.502	0.035	0.208	1.266
49.0	0.028	0.88710	-0.030	0.003	0.501	0.038	0.502	0.031	0.229	1.319
50.0	0.026	0.90287	-0.029	0.003	0.501	0.038	0.502	0.029	0.295	1.366

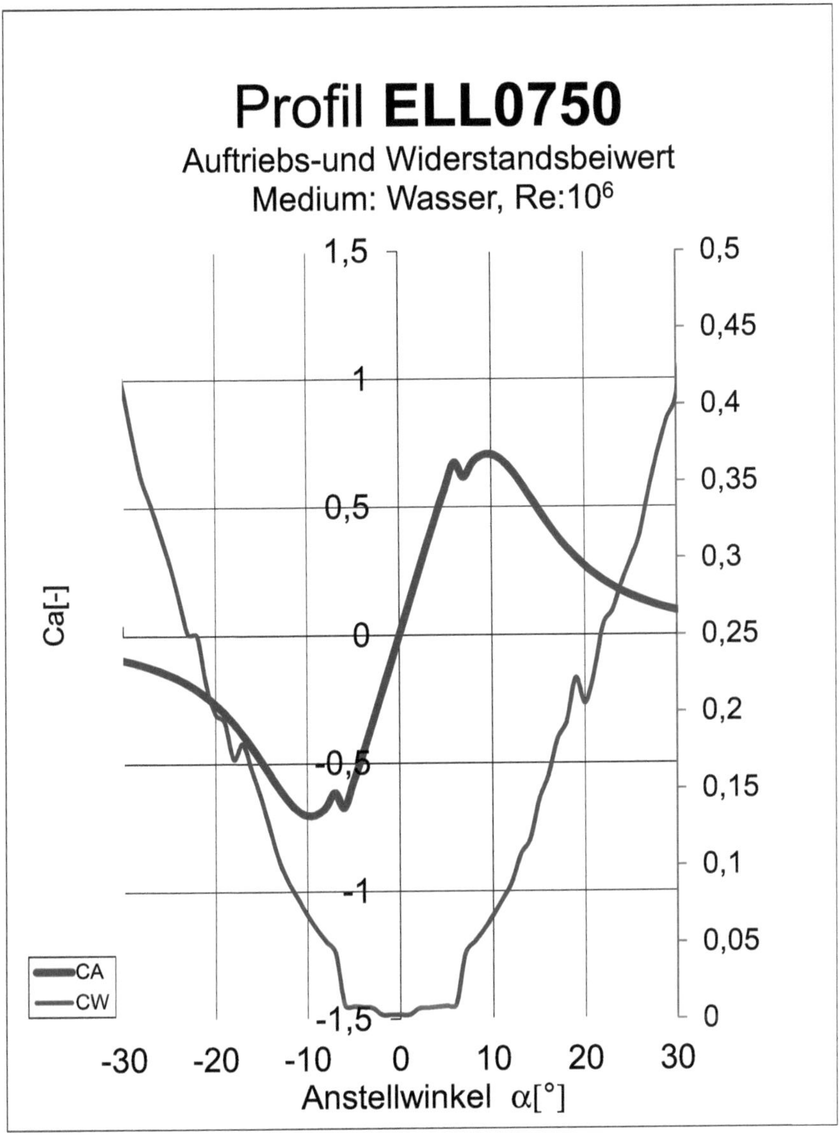
Profil ELL0750
Auftriebs-und Widerstandsbeiwert
Medium: Wasser, Re:10^6
Ca[-]
1,5
1
0,5
0
-0,5
-1
-1,5
0,5
0,45
0,4
0,35
0,3
0,25
0,2
0,15
0,1
0,05
0
CA
CW
-30
-20
-10
0
10
20
30
Anstellwinkel α[°]

Elliptische Profile als Ersatz für für Surfboardfinnen

ELL0950 Wasser RE 10E6

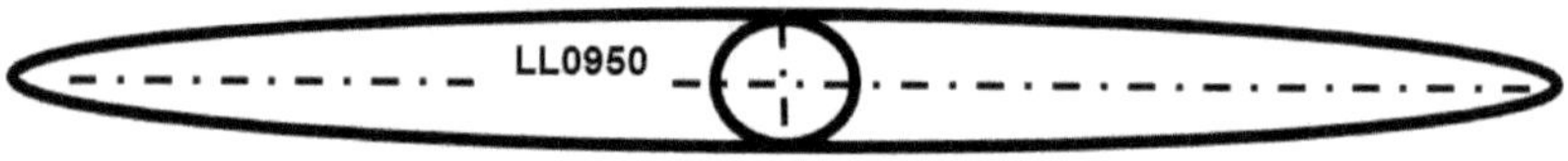

1.0000 0.0000
0.9965 0.0066
0.9862 0.0130
0.9700 0.0179
0.9490 0.0221
0.9235 0.0260
0.8939 0.0296
0.8605 0.0328
0.8235 0.0358
0.7834 0.0384
0.7405 0.0407
0.6954 0.0427
0.6483 0.0440
0.5998 0.0453
0.5503 0.0456
0.5004 0.0458
0.4504 0.0457
0.4010 0.0453
0.3525 0.0442
0.3054 0.0426
0.2602 0.0407
0.2174 0.0385
0.1773 0.0358
0.1403 0.0329
0.1068 0.0297
0.0772 0.0261
0.0517 0.0223
0.0308 0.0179
0.0146 0.0132
0.0032 0.0063
-0.0000 0.0000
0.0032 -0.0065
0.0136 -0.0130
0.0297 -0.0181
0.0508 -0.0223
0.0762 -0.0263
0.1059 -0.0299
0.1394 -0.0332
0.1763 -0.0362
0.2165 -0.0386
0.2594 -0.0409
0.3046 -0.0426
0.3516 -0.0444
0.4002 -0.0453
0.4497 -0.0461
0.4997 -0.0462
0.5497 -0.0461
0.5991 -0.0453
0.6476 -0.0444
0.6947 -0.0426

0.7399	-0.0409
0.7828	-0.0387
0.8229	-0.0363
0.8599	-0.0332
0.8934	-0.0299
0.9230	-0.0262
0.9485	-0.0223
0.9695	-0.0181
0.9858	-0.0132
0.9952	-0.0058
1.0000	0.0000

x/c	y/c	v/V	δ_1	δ_2	δ_3	Reδ_2	C_f	H_12	H_32	State	y1
[-]	[-]	[-]	[-]	[-]	[-]	[-]	[-]	[-]	[-]	[-]	[%]
1.0000	0.0000	0.5708	0.006888	0.002467	0.003562	140.8	0.0000	2.7919	1.4439	sep.	0.0000
0.9965	0.0066	0.9488	0.006888	0.002467	0.003562	234.1	0.0000	2.7919	1.4439	lam.	0.0000
0.9862	0.0130	1.1218	0.004381	0.001856	0.002974	206.8	0.0029	2.3602	1.6022	lam.	0.0262
0.9700	0.0179	1.1142	0.004813	0.001916	0.003031	211.3	0.0023	2.5117	1.5820	lam.	0.0293
0.9490	0.0221	1.1025	0.004828	0.001904	0.003006	209.5	0.0023	2.5360	1.5790	lam.	0.0297
0.9235	0.0260	1.1003	0.004694	0.001867	0.002954	205.6	0.0024	2.5137	1.5819	lam.	0.0289
0.8939	0.0296	1.1008	0.004908	0.001875	0.002944	205.3	0.0021	2.6174	1.5699	lam.	0.0311
0.8605	0.0328	1.0949	0.004653	0.001815	0.002860	199.2	0.0023	2.5640	1.5758	lam.	0.0295
0.8235	0.0358	1.0975	0.004675	0.001787	0.002806	195.7	0.0022	2.6159	1.5702	lam.	0.0303
0.7834	0.0384	1.0951	0.004586	0.001741	0.002731	190.7	0.0022	2.6337	1.5682	lam.	0.0303
0.7405	0.0407	1.0949	0.004095	0.001641	0.002599	180.7	0.0028	2.4961	1.5841	lam.	0.0268
0.6954	0.0427	1.1013	0.004553	0.001661	0.002589	181.1	0.0020	2.7405	1.5581	lam.	0.0318
0.6483	0.0440	1.0900	0.003641	0.001500	0.002390	165.8	0.0033	2.4266	1.5929	lam.	0.0245
0.5998	0.0453	1.1049	0.004034	0.001520	0.002381	165.7	0.0024	2.6542	1.5664	lam.	0.0286
0.5503	0.0456	1.0899	0.003838	0.001446	0.002266	157.9	0.0026	2.6536	1.5665	lam.	0.0279
0.5004	0.0458	1.0920	0.003697	0.001374	0.002147	150.2	0.0026	2.6907	1.5629	lam.	0.0279
0.4504	0.0457	1.0933	0.003194	0.001256	0.001981	138.2	0.0034	2.5437	1.5781	lam.	0.0242
0.4010	0.0453	1.1010	0.003025	0.001187	0.001872	130.3	0.0036	2.5496	1.5775	lam.	0.0236
0.3525	0.0442	1.0983	0.002915	0.001120	0.001760	122.6	0.0035	2.6022	1.5715	lam.	0.0237
0.3054	0.0426	1.0945	0.002729	0.001038	0.001628	113.6	0.0037	2.6302	1.5687	lam.	0.0233
0.2602	0.0407	1.0946	0.002374	0.000931	0.001468	102.2	0.0046	2.5505	1.5774	lam.	0.0209
0.2174	0.0385	1.0987	0.002262	0.000860	0.001348	94.0	0.0045	2.6313	1.5686	lam.	0.0212
0.1773	0.0358	1.0938	0.001993	0.000757	0.001187	83.0	0.0050	2.6324	1.5685	lam.	0.0199
0.1403	0.0329	1.0971	0.001685	0.000654	0.001030	72.1	0.0063	2.5750	1.5745	lam.	0.0179
0.1068	0.0297	1.1018	0.001511	0.000561	0.000876	61.6	0.0062	2.6953	1.5624	lam.	0.0179
0.0772	0.0261	1.0991	0.001113	0.000440	0.000696	49.1	0.0099	2.5268	1.5803	lam.	0.0142
0.0517	0.0223	1.1139	0.000947	0.000348	0.000542	38.2	0.0097	2.7233	1.5598	lam.	0.0144
0.0308	0.0179	1.1001	0.000441	0.000191	0.000307	21.6	0.0299	2.3113	1.6086	lam.	0.0082
0.0146	0.0132	1.1298	0.000205	0.000092	0.000149	7.4	0.0968	2.2355	1.6201	lam.	0.0045
0.0032	0.0063	0.9022	0.000157	0.000070	0.000114	1.7	0.0001	2.2364	1.6200	lam.	0.1414
-0.0000	0.0000	0.0741	0.000001	0.000000	0.000001	0.0	0.0000	2.2364	1.6200	lam.	0.0000
0.0032	-0.0065	0.8098	0.000166	0.000074	0.000120	1.6	0.0001	2.2364	1.6200	lam.	0.1414
0.0136	-0.0130	1.0584	0.000205	0.000092	0.000149	7.4	0.0968	2.2354	1.6201	lam.	0.0045
0.0297	-0.0181	1.0844	0.000417	0.000182	0.000293	19.3	0.0342	2.2937	1.6112	lam.	0.0076
0.0508	-0.0223	1.0696	0.000794	0.000316	0.000500	34.4	0.0145	2.5118	1.5822	lam.	0.0117
0.0762	-0.0263	1.0799	0.001180	0.000442	0.000692	47.3	0.0085	2.6697	1.5648	lam.	0.0154
0.1059	-0.0299	1.0784	0.001350	0.000533	0.000841	57.5	0.0083	2.5334	1.5794	lam.	0.0155
0.1394	-0.0332	1.0795	0.001682	0.000647	0.001017	69.8	0.0063	2.5991	1.5718	lam.	0.0179
0.1763	-0.0362	1.0856	0.001918	0.000743	0.001169	80.2	0.0056	2.5813	1.5737	lam.	0.0189
0.2165	-0.0386	1.0756	0.002091	0.000824	0.001302	89.5	0.0053	2.5360	1.5791	lam.	0.0194
0.2594	-0.0409	1.0834	0.002565	0.000951	0.001485	102.2	0.0037	2.6981	1.5622	lam.	0.0231
0.3046	-0.0426	1.0727	0.002550	0.001008	0.001593	109.3	0.0044	2.5298	1.5799	lam.	0.0213
0.3516	-0.0444	1.0893	0.003098	0.001139	0.001777	122.1	0.0030	2.7199	1.5602	lam.	0.0257

0.4002	-0.0453	1.0777	0.002810	0.001150	0.001829	125.3	0.0043	2.4442	1.5906	lam.	0.0215
0.4497	-0.0461	1.0865	0.003470	0.001289	0.002013	138.9	0.0028	2.6927	1.5626	lam.	0.0269
0.4997	-0.0462	1.0793	0.003313	0.001318	0.002085	143.2	0.0034	2.5129	1.5820	lam.	0.0241
0.5497	-0.0461	1.0866	0.003820	0.001434	0.002245	154.8	0.0026	2.6638	1.5654	lam.	0.0278
0.5991	-0.0453	1.0776	0.003685	0.001463	0.002313	159.0	0.0031	2.5195	1.5812	lam.	0.0255
0.6476	-0.0444	1.0892	0.004265	0.001581	0.002471	170.4	0.0022	2.6969	1.5622	lam.	0.0299
0.6947	-0.0426	1.0726	0.003884	0.001570	0.002492	171.1	0.0030	2.4733	1.5869	lam.	0.0257
0.7399	-0.0409	1.0820	0.004903	0.001737	0.002695	186.4	0.0017	2.8222	1.5512	lam.	0.0342
0.7828	-0.0387	1.0783	0.004368	0.001716	0.002708	185.7	0.0025	2.5456	1.5782	lam.	0.0281
0.8229	-0.0363	1.0883	0.004705	0.001794	0.002815	193.4	0.0022	2.6227	1.5694	lam.	0.0302
0.8599	-0.0332	1.0781	0.004363	0.001770	0.002811	192.7	0.0027	2.4646	1.5881	lam.	0.0271
0.8934	-0.0299	1.0808	0.005065	0.001892	0.002958	203.9	0.0019	2.6773	1.5638	lam.	0.0322
0.9230	-0.0262	1.0737	0.004947	0.001904	0.002994	205.8	0.0021	2.5977	1.5721	lam.	0.0307
0.9485	-0.0223	1.0744	0.005458	0.001988	0.003097	213.5	0.0017	2.7454	1.5577	lam.	0.0346
0.9695	-0.0181	1.0786	0.005408	0.002004	0.003131	215.3	0.0018	2.6984	1.5624	lam.	0.0336
0.9858	-0.0132	1.1157	0.005147	0.001989	0.003129	214.5	0.0021	2.5881	1.5733	lam.	0.0312
0.9952	-0.0058	0.7644	0.007002	0.002716	0.003578	207.6	0.0000	2.5776	1.3174	lam.	0.0000
1.0000	0.0000	0.5708	0.007002	0.002716	0.003578	155.0	0.0000	2.5776	1.3174	sep.	0.0000

α	Cl	Cd	Cm 0.25	T.U.	T.L.	S.U.	S.L.	L/D	A.C.	C.P.
[°]	[-]	[-]	[-]	[-]	[-]	[-]	[-]	[-]	[-]	[-]
-49.0	-0.035	0.93352	0.032	0.501	0.003	0.502	0.035	-0.038	0.200	1.141
-48.0	-0.037	0.91626	0.031	0.501	0.003	0.502	0.035	-0.040	0.159	1.098
-47.0	-0.039	0.85394	0.031	0.502	0.003	0.503	0.033	-0.046	0.132	1.052
-46.0	-0.041	0.86772	0.031	0.502	0.003	0.503	0.032	-0.047	0.107	1.007
-45.0	-0.043	0.81474	0.031	0.501	0.003	0.502	0.031	-0.053	0.104	0.960
-44.0	-0.045	0.83986	0.030	0.501	0.003	0.501	0.030	-0.054	1.040	0.917
-43.0	-0.048	0.81633	0.035	0.991	0.003	0.996	0.030	-0.059	0.968	0.968
-42.0	-0.051	0.78622	0.034	0.992	0.002	0.996	0.029	-0.065	0.127	0.922
-41.0	-0.054	0.72207	0.034	0.991	0.002	0.995	0.029	-0.075	0.124	0.876
-40.0	-0.057	0.70895	0.033	0.991	0.002	0.995	0.028	-0.081	0.148	0.831
-39.0	-0.061	0.69426	0.033	0.991	0.002	0.994	0.028	-0.088	0.149	0.790
-38.0	-0.065	0.64257	0.033	0.992	0.002	0.996	0.028	-0.102	0.147	0.748
-37.0	-0.070	0.63047	0.032	0.991	0.002	0.994	0.028	-0.111	0.148	0.709
-36.0	-0.075	0.58259	0.032	0.991	0.002	0.994	0.028	-0.129	0.159	0.671
-35.0	-0.081	0.53148	0.031	0.991	0.003	0.994	0.028	-0.152	0.168	0.636
-34.0	-0.087	0.51999	0.031	0.991	0.003	0.994	0.028	-0.168	0.148	0.601
-33.0	-0.094	0.49478	0.030	0.991	0.002	0.994	0.027	-0.190	0.163	0.566
-32.0	-0.102	0.46679	0.029	0.991	0.003	0.994	0.028	-0.219	0.177	0.537
-31.0	-0.111	0.43576	0.029	0.991	0.003	0.993	0.027	-0.255	0.164	0.507
-30.0	-0.121	0.43532	0.028	0.991	0.002	0.993	0.026	-0.278	0.169	0.479
-29.0	-0.132	0.39347	0.027	0.992	0.002	0.994	0.026	-0.336	0.186	0.453
-28.0	-0.145	0.36023	0.026	0.992	0.002	0.994	0.026	-0.403	0.188	0.430
-27.0	-0.160	0.35385	0.025	0.992	0.002	0.994	0.025	-0.451	0.194	0.407
-26.0	-0.176	0.32676	0.024	0.991	0.002	0.993	0.025	-0.540	0.195	0.388
-25.0	-0.195	0.31538	0.023	0.991	0.002	0.993	0.023	-0.619	0.196	0.369
-24.0	-0.217	0.28286	0.022	0.991	0.002	0.992	0.023	-0.766	0.204	0.353
-23.0	-0.241	0.26495	0.021	0.990	0.002	0.993	0.022	-0.911	0.203	0.337
-22.0	-0.269	0.24287	0.020	0.990	0.002	0.993	0.020	-1.109	0.207	0.323
-21.0	-0.301	0.23410	0.018	0.990	0.001	0.993	0.018	-1.287	0.210	0.311
-20.0	-0.338	0.22068	0.017	0.990	0.001	0.993	0.015	-1.530	0.217	0.300
-19.0	-0.379	0.19144	0.016	0.990	0.002	0.992	0.015	-1.977	0.222	0.292
-18.0	-0.424	0.19033	0.015	0.990	0.002	0.992	0.013	-2.229	0.223	0.285
-17.0	-0.474	0.17390	0.013	0.990	0.001	0.992	0.011	-2.727	0.229	0.278
-16.0	-0.528	0.14549	0.012	0.990	0.002	0.992	0.012	-3.629	0.234	0.274
-15.0	-0.583	0.13205	0.012	0.990	0.001	0.992	0.012	-4.418	0.235	0.270
-14.0	-0.638	0.11712	0.011	0.990	0.002	0.992	0.013	-5.443	0.233	0.267
-13.0	-0.686	0.10000	0.010	0.990	0.002	0.992	0.014	-6.859	0.226	0.264
-12.0	-0.723	0.08560	0.009	0.991	0.004	0.993	0.013	-8.448	0.212	0.262
-11.0	-0.744	0.07499	0.008	0.990	0.004	0.992	0.012	-9.920	0.169	0.260
-10.0	-0.745	0.06539	0.007	0.990	0.005	0.992	0.017	-11.387	0.296	0.260
-9.0	-0.720	0.05621	0.007	0.990	0.005	0.992	0.028	-12.813	0.264	0.259

-8.0	-0.669	0.04823	0.006	0.990	0.005	0.992	0.047	-13.868	0.335	0.259
-7.0	-0.743	0.00755	0.009	0.989	0.007	0.992	0.993	-98.309	0.250	0.261
-6.0	-0.647	0.00706	0.006	0.989	0.008	0.992	0.994	-91.660	0.275	0.259
-5.0	-0.542	0.00656	0.003	0.991	0.011	0.993	0.993	-82.701	0.274	0.256
-4.0	-0.431	0.00612	0.001	0.989	0.021	0.991	0.993	-70.399	0.273	0.252
-3.0	-0.315	0.00577	-0.002	0.989	0.028	0.991	0.993	-54.538	0.272	0.245
-2.0	-0.197	0.00545	-0.004	0.990	0.052	0.992	0.994	-36.084	0.272	0.228
-1.0	-0.078	0.00297	-0.007	0.988	0.988	0.991	0.989	-26.150	0.272	0.162
0.0	0.041	0.00295	-0.009	0.988	0.988	0.991	0.989	14.054	0.271	0.476
1.0	0.161	0.00296	-0.012	0.988	0.988	0.990	0.990	54.210	0.271	0.324
2.0	0.280	0.00694	-0.015	0.026	0.988	1.000	0.989	40.321	0.272	0.302
3.0	0.397	0.00736	-0.017	0.021	0.989	1.000	0.989	53.997	0.272	0.293
4.0	0.512	0.00783	-0.020	0.016	0.989	1.000	0.989	65.376	0.272	0.288
5.0	0.621	0.00843	-0.022	0.010	0.989	1.000	0.990	73.722	0.274	0.285
6.0	0.723	0.00908	-0.025	0.008	0.989	1.000	0.990	79.648	0.276	0.284
7.0	0.814	0.00969	-0.027	0.007	0.989	1.000	0.990	84.002	2.485	0.283
8.0	0.719	0.04963	-0.015	0.005	0.989	0.034	0.990	14.481	0.461	0.271
9.0	0.758	0.05709	-0.015	0.005	0.989	0.025	0.990	13.278	0.252	0.270
10.0	0.768	0.06630	-0.015	0.004	0.989	0.016	0.990	11.582	-0.467	0.270
11.0	0.757	0.07564	-0.016	0.004	0.989	0.017	0.990	10.003	0.202	0.271
12.0	0.726	0.08959	-0.017	0.002	0.989	0.016	0.990	8.101	0.230	0.273
13.0	0.681	0.10256	-0.018	0.002	0.989	0.015	0.990	6.638	0.236	0.276
14.0	0.627	0.11716	-0.018	0.002	0.989	0.014	0.990	5.354	0.238	0.279
15.0	0.570	0.13195	-0.019	0.002	0.989	0.013	0.990	4.323	0.239	0.283
16.0	0.514	0.15520	-0.020	0.002	0.989	0.012	0.990	3.310	0.236	0.288
17.0	0.460	0.16786	-0.021	0.002	0.989	0.012	0.990	2.741	0.230	0.295
18.0	0.411	0.19222	-0.022	0.002	0.989	0.013	0.990	2.136	0.226	0.303
19.0	0.366	0.20962	-0.023	0.002	0.989	0.014	0.990	1.746	0.220	0.312
20.0	0.326	0.21238	-0.024	0.002	0.989	0.016	0.990	1.536	0.217	0.324
21.0	0.291	0.24087	-0.025	0.001	0.989	0.017	0.990	1.209	0.216	0.337
22.0	0.260	0.26116	-0.026	0.001	0.989	0.019	0.990	0.997	0.208	0.352
23.0	0.233	0.28052	-0.028	0.002	0.989	0.020	0.990	0.832	0.200	0.368
24.0	0.210	0.28923	-0.029	0.002	0.989	0.023	0.990	0.726	0.203	0.388
25.0	0.189	0.31184	-0.030	0.002	0.989	0.023	0.990	0.607	0.205	0.407
26.0	0.171	0.32933	-0.031	0.002	0.989	0.024	0.990	0.519	0.194	0.430
27.0	0.155	0.35162	-0.032	0.002	0.989	0.025	0.990	0.441	0.195	0.454
28.0	0.141	0.37979	-0.032	0.002	0.989	0.026	0.990	0.372	0.199	0.479
29.0	0.129	0.39166	-0.033	0.003	0.989	0.026	0.990	0.329	0.200	0.506
30.0	0.118	0.42546	-0.034	0.002	0.989	0.026	0.990	0.277	0.193	0.535
31.0	0.108	0.44670	-0.034	0.002	0.989	0.026	0.990	0.242	0.174	0.565
32.0	0.100	0.48338	-0.035	0.003	0.989	0.027	0.990	0.206	0.176	0.600
33.0	0.092	0.50050	-0.035	0.003	0.989	0.027	0.990	0.184	0.193	0.634
34.0	0.085	0.50842	-0.036	0.003	0.989	0.027	0.990	0.168	0.192	0.669
35.0	0.079	0.55384	-0.036	0.002	0.989	0.027	0.990	0.143	0.177	0.707
36.0	0.074	0.58328	-0.037	0.003	0.989	0.028	0.990	0.126	0.179	0.747
37.0	0.069	0.59405	-0.037	0.003	0.989	0.028	0.990	0.116	0.199	0.787
38.0	0.064	0.66095	-0.037	0.002	0.989	0.028	0.990	0.097	0.192	0.828
39.0	0.060	0.68166	-0.037	0.002	0.989	0.028	0.990	0.088	0.185	0.871
40.0	0.056	0.69482	-0.038	0.002	0.989	0.029	0.990	0.081	0.177	0.915
41.0	0.053	0.70537	-0.038	0.003	0.989	0.029	0.990	0.075	0.170	0.962
42.0	0.050	0.76860	-0.038	0.003	0.989	0.030	0.990	0.065	0.194	1.010
43.0	0.047	0.79533	-0.038	0.003	0.989	0.030	0.990	0.060	0.225	1.056
44.0	0.045	0.80762	-0.038	0.003	0.988	0.031	0.989	0.056	0.241	1.103
45.0	0.043	0.89496	-0.038	0.003	0.988	0.031	0.989	0.047	0.223	1.150
46.0	0.040	0.80803	-0.038	0.003	0.988	0.032	0.989	0.050	1.229	1.200
47.0	0.038	0.85594	-0.034	0.003	0.550	0.034	0.551	0.045	1.320	1.141
48.0	0.037	0.89305	-0.034	0.003	0.551	0.035	0.553	0.041	0.252	1.187
49.0	0.035	0.89776	-0.034	0.003	0.551	0.036	0.553	0.039	0.331	1.229
50.0	0.033	0.90712	-0.034	0.003	0.551	0.036	0.553	0.037	0.348	1.269

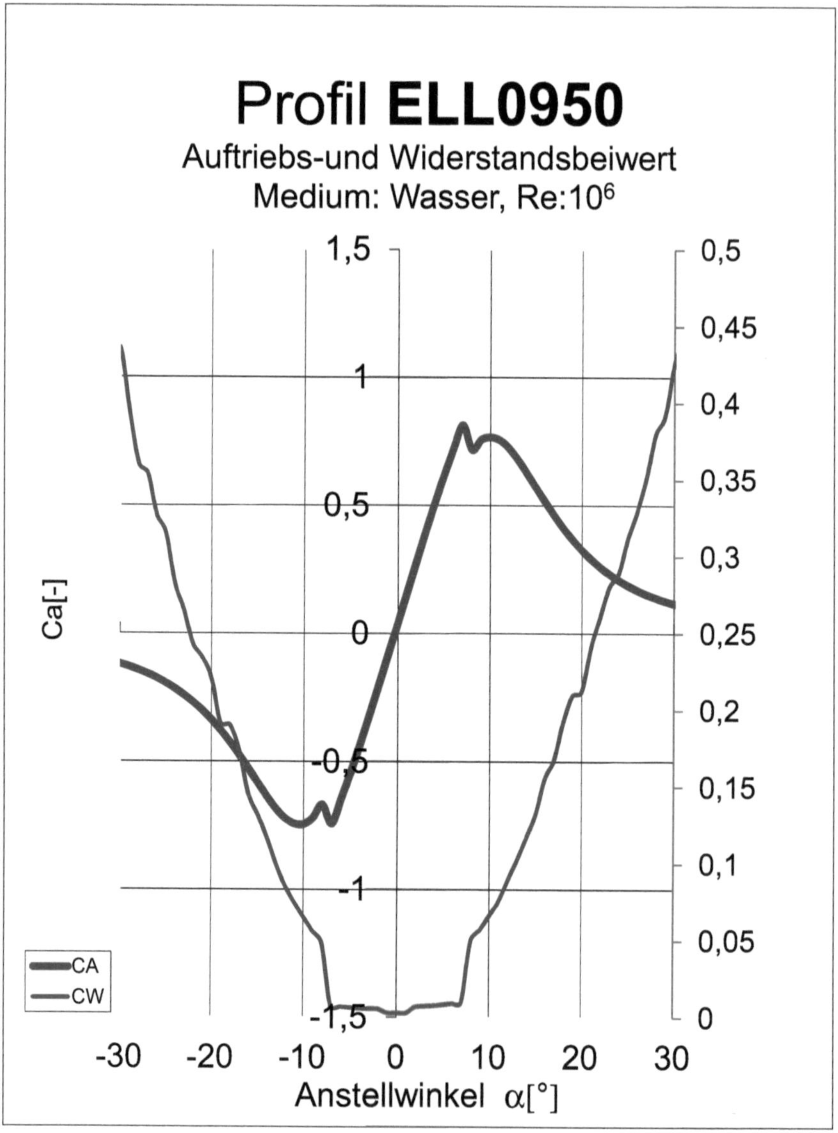
Profil ELL0950
Auftriebs-und Widerstandsbeiwert
Medium: Wasser, Re:10^6
1,5
1
0,5
0
-0,5
-1
-1,5
0,5
0,45
0,4
0,35
0,3
0,25
0,2
0,15
0,1
0,05
0
Ca[-]
CA
CW
-30
-20
-10
0
10
20
30
Anstellwinkel α[°]

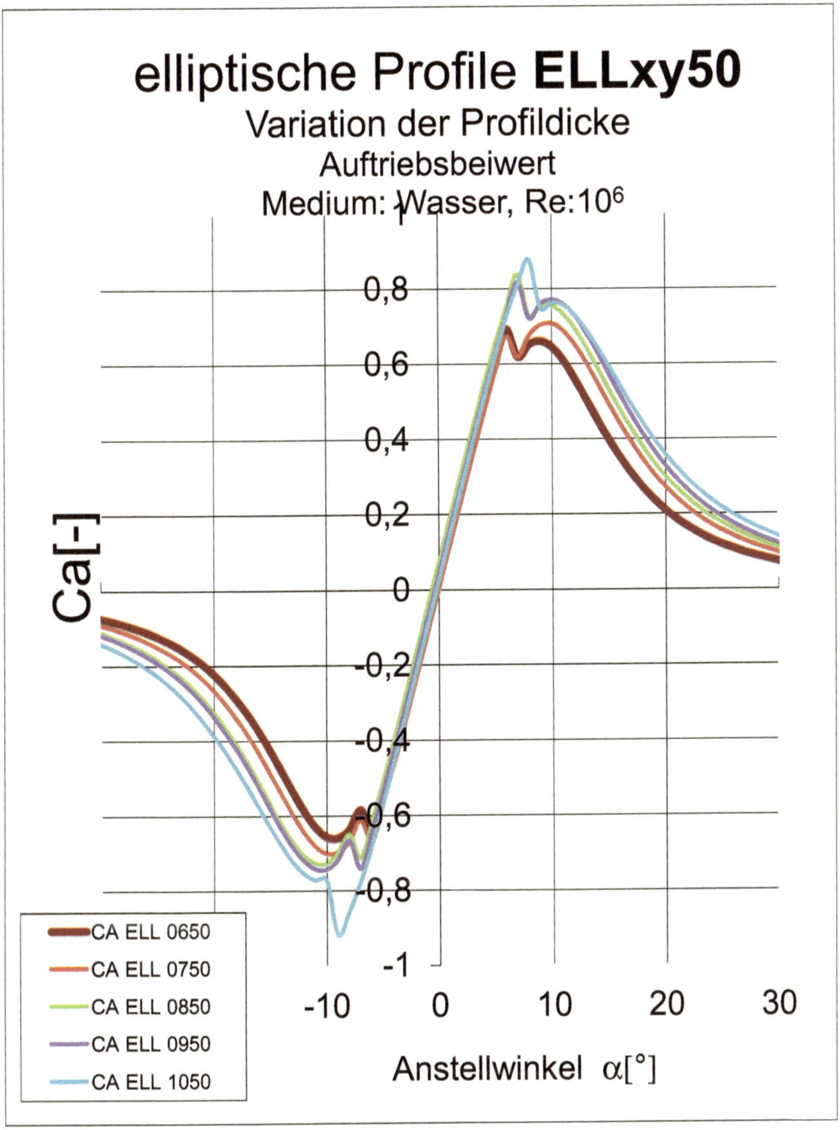

elliptische Profile ELLxy50
Variation der Profildicke
Auftriebsbeiwert
Medium: Wasser, Re:10⁶
Ca[-]
1
0,8
0,6
0,4
0,2
0
-0,2
-0,4
-0,6
-0,8
-1
-10
0
10
20
30
Anstellwinkel α[°]
CA ELL 0650
CA ELL 0750
CA ELL 0850
CA ELL 0950
CA ELL 1050

Technische Beschreibung

Fluiddynamisch wirksames lateralsymmetrisches Strömungsprofil aus geometrischen Grundfiguren

Die Erfindung betrifft ein fluidmechanisch wirksames, lateralsymmetrisches Strömungsprofil, dessen Kontur mit geringen deklaratorischen Mitteln beschreiben werden kann. Der Erfindung liegt die Idee eines Strömungsprofils zu Grunde, das durch das geometrische Element Ellipse beschrieben und durch lediglich zwei Parameter eindeutig definiert ist. Das Strömungsprofil ist für Kraft- und Arbeitstragflächen geeignet. Ausprägungen und Varianten des fluidmechanisch wirksamen Strömungsprofils können in Serien systematisiert und geordnet werden. Das Strömungsprofil kann skaliert und paramertrisiert werden derart, dass es für Anströmbedingungen fluidmechanisch wirksam und geeignet ist, die durch kleine Anströmgeschwindigkeiten und kleine geometrische Bauteilabmessungen gekennzeichnet sind. Das bevorzugte Anwendungsgebiet sind Kanupaddel.

Stand der Technik und der Wissenschaft

Technik. Das Strömungsprofil bezeichnet die Form eines Strömungskörpers in Strömungsrichtung des umgebenden Fluids. Die Kontur eines Strömungsprofils bezeichnet die umhüllende Gestalt des Strömungskörpers. Besonders konturiert sind Strömungsprofile für Krafttragflächen und Arbeitstragflächen. Durch die spezifische Form von Kraft- und Arbeitstragflächen und durch die Umströmung des Fluids kommt es zu einem Wechselwirkungsgeschehen, das durch Energieaustausch gekennzeichnet ist.
Krafttragflächen sind fluidmechanisch wirksame Tragflügel die geeignet sind, dem bewegten umgebendem Fluid vornehmlich Energie zu entziehen. Beispiele sind die Repellertragflächen einer Windkraftanlage, die Schaufeln einer Fließwasserkraftanlage oder ein Kanupaddel während des Manövrierens.
Arbeitstragflächen sind fluidmechanisch wirksame Tragflügel die vornehmlich Energie in ein umgebendes Fluid einkoppeln. Beispiele sind die Leit- und Steuerflächen von Luft- und Seefahrzeugen, Schaufeln von fluidmechanischen Antrieben und das Paddel eines Kanus.
Für Kraft- und Arbeitstragflächen nach Stand der Technik wird in der Regel eine mechanisch starrer Form, ein deklaratorisch definiertes Profile und eine nichtflexible Kontur angestrebt. Die Profile von Kraft- und Arbeitstragflächen nach Stand der Technik sind hinsichtlich ihrer Lateralkontur in der Regel entweder definiert symmetrisch oder definiert asymmetrisch.
Ein Anwendungsgebiet sind Kanupaddel.
Biologie. In der belebten Natur übernehmen fluidmechanisch wirksame Tragflügel Leit-, Steuer- und Propulsionsaufgaben, die dem Wesen zur der Mobilität dienen oder das ihm Manövrieren ermöglichen. Dabei sind beidseitig beaufschlagbare Tragflügelsysteme mit elastischen und in der neutralen Ruhelage symmetrischen Profilen ausgebildet. Profile biologischer Tragflügel sind auf unterschiedliche Weise

strömungsadaptiv. Eine grundsätzliche Zuordnung dieser hochintegralen Biostrukturen zu Kraft- und Arbeitstragflächen gelingt aufgrund der komplexen fluidmechanischen Aufgabenstellungen nicht. Die „Hände" mancher Wale, etwa Buckelwale, ihre Pectoralflossen, besitzen Profile, die sowohl lateral- und zentralsymmetrisch (also im übertragenen Sinne vorwärts und rückwärts fahrbar) sind. Die Brustflossen (*Pectoralflosse*) der Wale enthalten im Gegensatz zur Schwanzflosse der Wale Knochen und entsprechen - anatomisch gesehen – den Vorderbeinen der Landsäugetiere. Derartige Tragflügel kommen in der Technik (außer vielleicht bei speziellen verfahrenstechnischen Rührern) selten oder gar nicht vor. Bei einfachen geometrischen Formen, etwa den Konturen von ebenen Plattenprofilen, bei Wölbplattenprofilen oder bei einfach gekröpften Knickplattenprofilen ist der Deklarationsaufwand gering. Eine geschlossene mathematische Beschreibung in Gestalt einfacher Formeln existiert. Bei manchen Profilformen vom Stand der Technik und vor dem Hintergrund hoher Präzisions-ansprüche an das Konstruieren, das Fertigen von Kraft- und Arbeitstragflächen und für das Messen oder die mathematische Handhabung von Konturen von Profilen von Kraft- und Arbeitstragflächen ist der Deklarationsaufwand, der auch die mathematischen Interpolationsmodelle betrifft, teilweise erheblich. Es ist nach Stand der Technik und der Wissenschaft üblich, Koordinaten der Konturen von Strömungsprofilen sowie die zugehörigen mathematischen Handhabungsmethoden in Datenbanken zu hegen (siehe auch: The Airfoil Investigation Database [W-1][W-2] und UIUC Airfoil Coordinates Database [W-3]). Die Grundbeschreibung eines Strömungsprofils nach Stand der Technik erfolgt mit wenigstens den vier geometrischen Größen Tiefe t[m], Dicke d[m] und anderen Parametern, wie der Wölbungsrücklage xf[m]. Als generalisierte, auf die Profiltiefe t bezogene Größen folgt somit beispielsweise die (spezifische, auf die Profiltiefe bezogene) Profildicke d/t [%].

Problembeschreibung

Bei der Entwicklung von fluidmechanisch wirksamen Kraft- und Arbeitstragflächen für Kanupaddel werden die Koordinaten der Konturen der Strömungsprofile Profilkatalogen entnommen. Dies stellt im Zeitalter hoch entwickelter mathematischer Berechnungs- und Handhabungsmethoden und vergleichsweise leicht verfügbarer Datenbankbestände kein Problem dar. Dennoch taucht in für Strömungsanwendungen typischen Entwicklungs- und Nutzungsszenarien, etwa in Forschungslabors (Prototypenbau) und im von kleinen und mittelständigen Unternehmen geprägten Yacht- und Bootsbau (Einzelanfertigungen, Unikate, Reparatur) häufig das Problem auf, dass die Geometriedaten der Konturen von Profilen für fluidmechanisch wirksame Kraft- und Arbeitstragflächen oder für Profillehren, Formen und anderer Fertigungsmittel in einer für die Bauteiloptimierung und/oder die Fertigung nicht geeigneten Form vorliegen. Für die Beschreibung von Konturen nach dem Stand der Technik wird auf Datenbanken oder Profiltabellen zurückgegriffen [Abbo-59] [Eppl-90] [Gorr-17] [Katz-01] [W-2][W-3].
Dass einfache mathematische Beschreibungen der Profilkontur nur für ebene Plattenprofile und andere sehr einfache Profile existiert und es nach Stand der Technik und der Wissenschaft üblich ist, Koordinaten der Konturen von Strömungsprofilen in Datenbanken zu hegen, führt in der Labor-, Reparatur und in der Bootsbaupraxis dazu, dass durch Konstruktion und gestalterische Vorgabe

vorgesehene Profile nur unzureichend in Formen und in Bauteilkonturen wiedergegeben werden können.

Problemlösung

Die Erfindung betrifft ein fluidmechanisch wirksames, lateralsymmetrisches Strömungsprofil, dessen Kontur durch das geometrischen Elemente Ellipse beschrieben und durch zwei Parameter [p1][p2] vollständig und eindeutig definiert ist, wie folgt: "*PROFILKONTUR* [p1][p2]". Mit den Parametern: p1 sei die spezifische Profildicke d/t [%] und p2 sei spezifische Dickenrücklage xd/t [%] des symmetrischen Profils.
Die Kontur des symmetrischen Profils entsteht, indem eine bugseitige (Halb-) Ellipse und eine heckseitige (Halb-) Ellipse, ausgerichtet an deren jeweiligen kongruenten Konstruktionskreis angeordnet und gefügt, eine gemeinsame Symmetrieachse besitzen.
Das Strömungsprofil "*PROFILKONTUR* [p1][p2]" ist für Kraft- und Arbeitstragflächen, insbesondere für Profile von Paddelblättern geeignet. Ausprägungen und Varianten des fluidmechanisch wirksames Strömungsprofils können in einer Serie systematisiert und geordnet werden. Das Strömungsprofil kann skaliert und parametrisiert werden derart, dass es besonders für unterschiedliche Anströmbedingungen fluidmechanisch wirksam und geeignet ist.

Erzielbare Vorteile

Mit dem fluidmechanisch wirksamen, symmetrischen Strömungsprofil, dessen Kontur durch zwei Ellipsen mit gemeinsamen Konstruktionskreis beschrieben wird und diese Kontur durch zwei Parameter vollständig und eindeutig definiert ist, wird erreicht, dass
(1) in der Baupraxis, in der Reparatur- und Instandhaltungspraxis Strömungsbauteile und/oder deren Fertigungsmittel wie Profillehren oder Formen durch einfache mathematische Beziehungen (Ellipsengleichung) beschrieben werden können und
(2) in der Konstruktionspraxis geometrische Vorgaben möglich werden oder existieren, die auch vom Laien mit geringsten Mitteln umgesetzt werden können und
(3) die Erfindung zur Simplifizierung der Konstruktion und zur Robustheit im Betrieb der Kraft- und Arbeitstragflächen mit derartigen Profilen und Profilkonturen beiträgt. Dies ist von wirtschaftlichem Interesse.

Aufbau des Profils

Die Kontur des Profils wird durch zwei Ellipsen mit gemeinsamen Konstruktionskreis beschrieben und durch die zwei Parameter spezifische Profildicke d/t und spezifische Dickenrücklage xd/t vollständig und eindeutig definiert. Abbildung Figur 1 zeigt schematisch den formalen Aufbau der Profilkontur mit den Teilkonturen bugwärtige (Halb-) Ellipse LB und der heckwärtigen (Halb-) Ellipse LH. Die bugwärtige Ellipse und die heckwärtigen Ellipse besitzen einen gemeinsamen Konstruktionskreis KK.

Die schematische Abbildung Figur 1 enthält alle Konturlinien und alle Konstruktionspunkte der Profildefinition: Den Bugpunkt PB und den Heckpunkt PH der Profilkontur, einen oberen Punkt PKO und einen unteren Punkt PKU auf dem Konstruktionskreis KK der das Zentrum beider (Halb-) Ellipsenkonturen bildet. Die Punkte PKO und PKU sind die Fügepunkte der beiden (Halb-) Ellipsenkonturen, der bugwärtigen Halbellipse LB und der heckwärtigen Halbellipse LH. Die bugwärtige Halbellipse LB und der heckwärtige Halbellipse LH bilden eine organisatorische und gestalterische Einheit. Die Profilsehne ist die Symmetrieachse des Profils.
In der schematischen Skizze Figur 2 ist die Profiltiefe gegeben mit der Länge t. Sie ist die kürzeste Verbindung zwischen dem Bugpunkt PB dem Heckpunkt PH. Die Länge xd gibt die Lage des Konstruktionskreises KK an und ist gleichzeitig die Dickenrücklage der Profilkontur. Die Profildicke ist gegeben mit dem Durchmesser des Konstruktionskreises d.
Aus den schematischen Darstellungen der Abbildungen Figur 1 und Figur 2 ergeben sich alle Beziehungen, die zu einer Konstruktion des Profils notwendig sind.
Für alle Punkte P(x,y) die Element einer Ellipse sind, gilt die Ellipsengleichung $(x^2/a^2)+(y^2/d^2) = 1$. Für die bugwärtige Ellipse ist das a gegeben mit $a = xd/2$. Für die heckwärtige Ellipse ist a gegeben mit $a = (t-xd)/2$.
Mit den Parametern p1, die spezifische Profildicke d/t [%] und p2, die spezifische (auf die Profiltiefe t bezogene) Dickenrücklage xd/t [%] des symmetrischen Profils ist die "*PROFILKONTUR* [p1][p2]" definiert.

Wirkungsweise

Für die Beschreibung der Wirkungsweise eines fluidmechanisch wirksamen (symmetrischen) Strömungsprofils werden in der Regel und nach Stand der Technik Messkanaluntersuchungen und/oder Berechnungen an Tragflügeln unter genau definierten Bedingungen angestellt. Die physikalische Wirksamkeit eines Strömungsprofils mit der Kontur: "*PROFILKONTUR* [p1][p2]" wird durch potentialtheoretische Verfahren verifiziert [Mial-05]. Tabelle 1 führt relevante Formeln, Größen und Stoffwerte auf. Die Berechnungsergebnisse aus potentialtheoretischen Verfahren sind in Tabelle 2 angegeben. Der Graph 1 zeigt den Auftriebsbeiwert Ca [-] und den Widerstandsbeiwert Cw [-] des Profils als Funktion des Anstellwinkels a [°]. Graph 1 stellt die berechneten Werte der Tabelle 2 dar. Die Tabellenwerte und der Graph zeigen Auftriebsbeiwerte Ca [-] und Widerstandsbeiwerte Cw[-] des Strömungsprofils "*PROFILKONTUR* [20][70]" im Betrieb in einer für das Paddeln relevanten Geschwindigkeit, ausgedrückt über die dimensionslose Reynoldszahl im Medium Wasser für verschiedene Anstellwinkel a[°].
Das Auftriebsmaximum ist bei etwa a [°] = 16 angesiedelt ist und erreicht dort den Wert Ca > 1,2. Damit ist die (theoretische) physikalische Wirksamkeit des Strömungsprofils hinsichtlich der Querkrafterzeugung gegeben.

Bibliographie und Quellen

[Abbo-59] Ira H. Abbott, Albert E. von Doenhoff: Theory of Wing Sections: Including a Summary of Airfoil Data. Dover Publications, New York 1959,

[Eppl-90] Richard Eppler: Airfoil Design and Data. Springer, Berlin, New York 1990,

[Gorr-17] Edgar Gorrell, S. Martin: Aerofoils and Aerofoil Structural Combinations. In: NACA Technical Report. Nr. 18, 1917.

[Katz-01] Joseph Katz, Allen Plotkin: Low-Speed Aerodynamics (Cambridge Aerospace Series) Cambridge University Press; 2 edition (February 5, 2001)

[Mial-05] B. Mialon, M. Hepperle: "Flying Wing Aerodynamics Studies at ONERA and DLR", CEAS/KATnet Conference on Key Aerodynamic Technologies, 20.-22. Juni 2005, Bremen.

[W-1] http://de.wikipedia.org/wiki/Profil (abgerufen 11032013)

[W-2] The Airfoil Investigation Database, http://www.worldofkrauss.com/foils/578 (abgerufen 11032013)

[W-3] UIUC Airfoil Coordinates Database, (abgerufen 11032013) http://www.ae.illinois.edu/m-selig/ads/coord_database.html

Tabelle 1.: In den Berechnungen verwendete Größen, Formeln, Stoffwerte

Profiltiefe		t	[m]
Profildicke		d = 2R	[m]
spezifische Profildicke		d/t	[%]
parallelprismatische Länge		k	[m]
spezifische parallelprismatische Länge		k/t	[%]
Auftriebsbeiwert:		Ca	[-]
Widerstandsbeiwert:		Cw	[-]
Reynolds-Zahl		Re = v · L / n	[-]
Dichte [kg m^{-3}], Wasser (20[°C])	ρ(Wasser)=	998	[kg m^{-3}]
kinematische Zähigkeit [m^2 s^{-1}]	ν(Wasser)=	0,000001012	[m^2 s^{-1}]
Schallgeschwindigkeit [m s^{-1}]	a(Wasser)=	1484	[m s^{-1}]
Kreisgleichung:	$x^2+y^2 = R^2$	P(x,y): bel. Punkt des Kreises	
Ellipsengleichung:	$(x^2/a^2)+(y^2/b^2) = 1$	P(x,y): bel. Punkt der Ellipse	

Tabelle 2.:
Auftriebsbeiwert Ca[-] und Widerstandsbeiwert Cw[-] als Funktion des Anstellwinkels a [°], Medium Wasser 20[°], Reynoldszahl Re = 10^5
Berechnete Werte (Potentialtheorie)

α[°]	Ca[-]	Cw[-]
-40,0	-0,428	1,46692
-35,0	-0,567	1,04842
-30,0	-0,755	0,61554
-25,0	-0,977	0,37489
-20,0	-1,144	0,21919
-15,0	-1,096	0,12088
-10,0	-0,779	0,06883
-5,0	-0,579	0,03263
0,0	0,024	0,02361
5,0	0,626	0,03238
10,0	0,822	0,06930
15,0	1,132	0,12663

20,0	1,157	0,23330
25,0	0,973	0,39591
30,0	0,748	0,70885
35,0	0,560	1,10694
40,0	0,424	1,38452

Graph 1:
Auftriebsbeiwert Ca[-] und Widerstandsbeiwert Cw[-]
Als Funktion des Anstellwinkels a [°]
Medium Wasser 20[°], Reynoldszahl Re = 10^5
Berechnete Werte (Potentialtheorie)

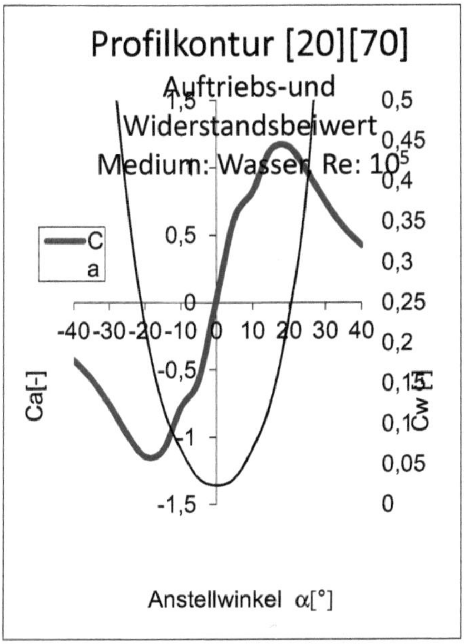

Figur 1

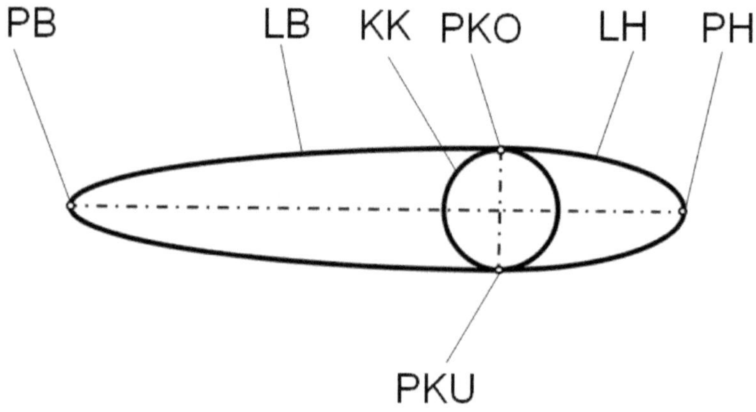

Figur 2

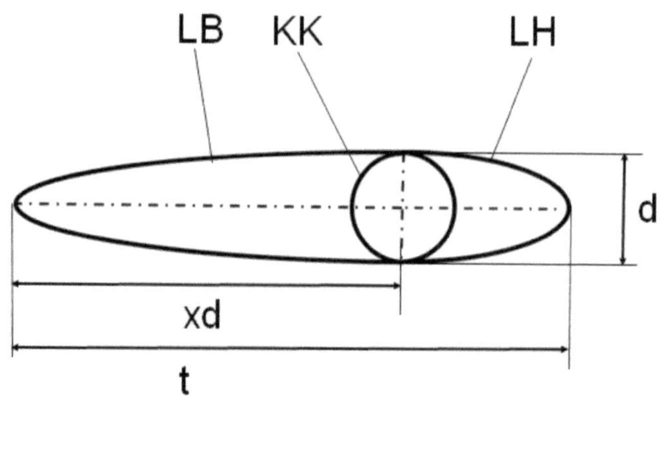